PROBIOTICS IN ANIMAL NUTRITION
Production, Impact and Regulation

益生菌与动物营养
——生产、效果和规范

〔尼泊尔〕Y. S. 巴贾盖   〔澳〕A. V. 克利夫   著
〔澳〕P. J. 达特   〔澳〕W. L. 布莱登

赵圣国   王加启   译

Published by

the Food and Agriculture Organization of the United Nations

and

China Science Publishing & Media Ltd.

科学出版社

北 京

内 容 简 介

　　本书全面阐述了益生菌在动物生产中的应用情况及其对生产性能的影响，主要介绍了益生菌的定义、生产、作用机制、应用、效果、安全性和潜在公共卫生风险。此外，本书还介绍了益生菌产品标识及全球对动物饲料益生菌的监管现状。

　　本书将为致力于提高动物生产性能的人士提供有价值的信息，推动益生菌新产品的开发，提高益生菌的长效性和稳定性，以替代抗生素生长促进剂。

Probiotics in Animal Nutrition—Production, Impact and Regulation/
By Yadav S. Bajagai, Athol V. Klieve, Peter J. Dart and Wayne L. Bryden/
ISBN: 978-92-5-109333-7

图书在版编目（CIP）数据

益生菌与动物营养: 生产、效果和规范 / (尼泊尔) Y. S. 巴贾盖等著;
赵圣国, 王加启译. —北京：科学出版社，2020.4
书名原文: Probiotics in Animal Nutrition: Production, Impact and
Regulation
　　ISBN 978-7-03-064538-8

　　Ⅰ.①益… Ⅱ.①Y… ②赵… ③王… Ⅲ.①乳酸细菌－应用－动物
营养－研究 Ⅳ.①Q939.11 ②S816

　　中国版本图书馆CIP数据核字（2020）第036790号

责任编辑：李秀伟　刘　晶 / 责任校对：郑金红
责任印制：吴兆东 / 封面设计：刘新新

科 学 出 版 社 出版
北京东黄城根北街16号
邮政编码：100717
http://www.sciencep.com

涿州市般润文化传播有限公司印刷
科学出版社发行　各地新华书店经销
*
2020年 4 月第 一 版　开本：720×1000　1/16
2025年 1 月第三次印刷　印张：7
字数：141 000

定价：98.00元
（如有印装质量问题，我社负责调换）

译者的话

按照我国农业农村部第 194 号公告，自 2020 年 1 月 1 日起，退出除中药外的所有促生长类药物饲料添加剂品种，兽药生产企业停止生产、进口兽药代理商停止进口相应兽药产品，同时注销相应的兽药产品批准文号和进口兽药注册证书。减少滥用抗生素造成的危害，以维护我国动物源性食品安全和公共卫生安全。应该说，"饲料禁抗"是我国畜牧养殖行业的一个重要里程碑，标志着我国畜牧养殖进入了一个安全、优质、健康发展的新阶段。

我们清楚地看到"饲料禁抗"势必对畜牧养殖带来一定的负面影响，那么如何将影响降到最低甚至变不利为有利呢？从欧盟和美国等畜牧业发达国家经验及畜牧科技发展国际前沿来看，动物饲料益生菌（或称饲用微生物）无疑是抗生素生长促进剂（AGP）的重要替代品之一。

当前，国内很多科研单位、饲料企业和养殖企业都在大力研发、生产、推广或应用动物饲料益生菌产品，同时国外动物饲料益生菌产品也被大量进口使用。然而，我们也应该认识到，我国动物饲料益生菌生产、效果和规范中仍然存在一些问题，有待解决。"他山之石，可以攻玉"。2016 年由联合国粮食及农业组织（FAO）出版的 *Probiotics in Animal Nutrition — Production, Impact and Regulation*（《益生菌与动物营养——生产、效果和规范》），系统阐述了益生菌的定义、生产、作用机制、应用、效果、安全性和潜在公共卫生风险，同时介绍了动物饲料益生菌产品标识及全球对动物饲料益生菌的监管现状。该书科学性和实用性强、系统全面、简明精练，无疑是国际动物饲料益生菌领域的重要参考读物。因此，译者认为有必要将这本好书翻译并推荐给国内同行，供学习、参考和借鉴。

该书的翻译出版得到了"十三五"国家重点研发计划项目"畜禽肠道健康与消化道微生物互作机制研究"（2017YFD0500502）的资助，特此表示感谢。

鉴于译者水平有限，译文中难免存在不足，恳请读者批评指正。

译　者
2020 年 2 月

原书序

  本书主要综述了益生菌在动物生产中的应用情况及其对生产性能的影响，重点介绍了益生菌的定义、生产、作用机制、动物生产中的应用、效果、安全性和潜在公共卫生风险。同时，本书介绍了动物饲料益生菌产品标识及全球对动物饲料益生菌的监管现状。

  目前，关于益生菌对单胃和反刍动物影响的全面、科学和系统性综述非常有限。在过去的二十年里，全球特别是发展中国家，动物产品的消费快速增长，有限的资源使得动物生产压力越来越大。动物饲料中使用益生菌有两个主要目的：维持和提高动物生产性能，预防并控制肠道致病菌。动物饲料中亚临床剂量抗生素生长促进剂的使用越来越受限制，而肠道微生态对动物生产性能的影响越来越受关注，所以越来越多益生菌产品被应用到动物饲料中。

  本书参考了超过250篇关于益生菌的论文，介绍了益生菌的作用，丰富了人们对益生菌的认识。

  本书的深入论述适用于动物生产与饲料加工人员，同时也适用于动物营养科研人员。本书将有助于促进新型长效益生菌的研发，以替代抗生素生长促进剂在动物饲料中的应用。

Harinder P. S. Makkar

编　辑

致谢

感谢澳大利亚研究委员会对作者开展益生菌研究的支持，感谢澳大利亚政府对 Yadav S. Bajagai 的奖学金支持，感谢联合国粮食及农业组织 Nacif Rihani 先生对本书的审阅和建议。

目录

引言

全球人口数量预计在 2050 年超过 90 亿，这将给全世界各国尤其是发展中国家带来食品安全的巨大挑战。经济增长促进了人们对畜牧产品的需求，导致畜牧业生产压力大增，即用有限资源生产更多产品。畜牧业是农业发展最快的领域之一，贡献了大约全球农产品总值的 40%（Bruinsma，2003），支撑了差不多 13 亿人口的生存和食品安全。畜牧业发展热点问题涵盖：有效利用资源生产人类食品，有效利用土地维护环境生物多样性，反刍动物产生的甲烷对气候的影响，气温上升对动物生产的影响。

畜牧业为发展中国家低收入群体提供了主要收入来源，是减少贫困的有效途径（Randolph et al.，2007；Smith et al.，2013）。除了增加收入和提供营养食品，畜牧业还能提供畜力及用于燃料和肥料的粪，同时畜牧公司还能提供保值的动物资产（Sansoucy et al.，1995；Ehui et al.，1998）。全球畜牧业中集约化生产越来越重要，但也要考虑动物福利问题。

虽然畜牧业生产的贡献突出，但是它也存在两个主要的公共卫生问题。第一，动物饲料中亚临床剂量抗生素生长促进剂被不断控制使用，包括欧盟在内的很多地区已经禁止使用，这主要是因为抗生素滥用可能导致人和动物病原菌产生耐药性。第二，食源性的动物病原菌，如沙门氏菌、弯曲杆菌、致病性大肠杆菌，存在全球公共卫生风险，并可能导致严重经济损失。

益生菌（或直接培养的微生物）正作为抗生素生长促进剂的替代物越来越受到关注。动物饲料中添加益生菌的最重要目的是维持和提升动物生产性能（产量和生长速度），并且预防和控制肠道病原菌感染。动物饲料中亚临床剂量抗生素生长促进剂的使用越来越受限制，而肠道微生态对动物生产性能的影响越来越受到关注，所以越来越多的益生菌产品被应用到动物饲料中。

> 研发能有效替代抗生素生长促进剂的饲料添加剂，将为动物生产提供巨大裨益。但是，这需要一个完整和系统的技术体系支撑。

涉及范围

　　动物饲料中益生菌的效果、安全性和规范的科学研究是本书所要阐述的重点。由于不同研究间微生物属（种）和菌株，动物种类、年龄、饲养方式、饲喂周期等的差异，很难采用荟萃分析评估益生菌的使用。

　　本书介绍了各类畜牧生产中的益生菌种类、作用方式和效果、安全性风险及全球管理规范情况。本书所提及的任何商业化产品并不代表作者或联合国粮食及农业组织对它们认可。

1 益生菌：定义和分类

1.1 定义

"益生菌"这个词最早由 Lily 和 Stillwell(1965)用来描述一种纤毛虫产生的、促其他纤毛虫生长的未知物质，现在这个词涵盖了更广泛的微生物种属。Parker(1974)将"益生菌"定义为"促进肠道微生态平衡的有机体或物质"，因此它包含活的有机体和物质。Fuller(1989)对"物质"这个词所包含的内容进一步细化，将"益生菌"定义为"一类通过改善肠道微生态平衡而有益于宿主动物的活微生物"。

联合国粮食及农业组织（FAO）和世界卫生组织（WHO）联合发表了对益生菌的定义："应用适当剂量可有益于宿主健康的活微生物"(FAO/WHO，2001)。这个定义被国际益生菌益生元科学委员会广泛采纳（Hill et al.，2014)。

> 联合国粮食及农业组织（FAO）和世界卫生组织（WHO）对益生菌的定义为"应用适当剂量可有益于宿主健康的活微生物"，已被广泛接受。

1.2 分类

大量微生物可以用作益生菌，益生菌分类如下。

（1）细菌类益生菌和非细菌类益生菌：包括一部分酵母等真菌和大部分细菌。常用的细菌类益生菌包括乳酸杆菌（Mookiah et al.，2014）、双歧杆菌（Khaksar，Golian and Kermanshahi，2012；Pedroso et al.，2013）、芽孢杆菌（Abdelqader，Irshaid and Al-Fataftah，2013）和肠球菌（Mountzouris et al.，2010）。非细菌类益生菌（酵母或其他真

菌）包括米曲霉（Daskiran et al.，2012；Shim et al.，2012）、假丝酵母（Daskiran et al.，2012）、布拉氏酵母（Rahman et al.，2013）和酿酒酵母（Bai et al.，2013）。

（2）产芽孢益生菌和不产芽孢益生菌：尽管益生菌中以不产芽孢细菌（包括乳酸杆菌和双歧杆菌）为主，但是产芽孢细菌［如枯草芽孢杆菌（Alexopoulos et al.，2004a）和解淀粉芽孢杆菌］也越来越多地被用于益生菌（Ahmed et al.，2014）。

（3）多菌种（或多株）益生菌和单菌种（或单株）益生菌：益生菌产品可由单株、多株或多菌种组成（表 1）。多菌种益生菌产品主要有 PoultryStar ME（包括屎肠球菌、罗伊氏乳酸杆菌、唾液乳酸杆菌、乳酸片球菌）（Giannenas et al.，2012），PrimaLac（包括乳酸杆菌、屎肠球菌、双歧杆菌和嗜热链球菌）（Pedroso et al.，2013）和 Microguard（包括多种乳酸杆菌、芽孢杆菌、链球菌、双歧杆菌和酵母）（Rahman et al.，2013）。单菌种益生菌产品主要有 Bro-bio-fair（酿酒酵母）（Abdel-Raheem，Abd-Allah and Hassanein，2012）和 Anta Pro EF（屎肠球菌）（Abdel-Raheem，Abd-Allah and Hassanein，2012）。

（4）外源性益生菌和内源性益生菌：外源性益生菌是指不属于动物胃肠道正常栖息的微生物（如酵母），而内源性益生菌是指属于动物胃肠道正常栖息的微生物（如乳酸杆菌和双歧杆菌）。

2 益生菌微生物

尽管益生菌产品中使用多株或多种益生菌的益处尚未完全明确，但是很多商业益生菌产品都使用了多株益生菌（Zhao et al.，2013）。动物饲料中被用作益生菌的微生物详见表1。

表1　动物饲料中被用作益生菌的微生物

菌种	菌株	相应商业益生菌产品	参考文献
曲霉菌属			
米曲霉	—	—	Daskiran et al.，2012；Shim et al.，2012
黑曲菌	—	—	Seo et al.，2010
芽孢杆菌属			
解淀粉芽孢杆菌	CECT 5940，H57	西班牙马德里 Norel Animal Nutrition 公司的 Ecobiol	Ortiz et al.，2013
东洋芽孢杆菌	BCT-7112	西班牙巴塞罗那 Rubinum S.A. 公司的 Toyocerin	Taras et al.，2005；Kantas et al.，2015
凝结芽孢杆菌	ATCC 7050，ZJU0616	—	Adami and Cavazzoni，1999；Hung et al.，2012
地衣芽孢杆菌	DSM 5749	马来西亚森美兰州 PeterLab 公司的 Microguard，波多黎各 Alpharma 公司的 LSP 122，丹麦豪尔斯霍勒姆科汉森公司的 BioPlus 2B，丹麦豪尔斯霍勒姆科汉森公司的 Probios，德国埃森市 Evonik 工业的 BioPlus YC	Alexopoulos et al.，2004a；Rahman et al.，2013
巨大芽孢杆菌	—	马来西亚森美兰州 PeterLab Holdings 公司的 Microguard	Rahman et al.，2013
马铃薯芽孢杆菌	—	马来西亚森美兰州 PeterLab Holdings 公司的 Microguard	Rahman et al.，2013
多粘芽孢杆菌	—	马来西亚森美兰州 PeterLab Holdings 公司的 Microguard	Rahman et al.，2013

续表

菌种	菌株	相应商业益生菌产品	参考文献
枯草芽孢杆菌	588, CA #20, DSM 17299, PB6, ATCC-PTA 6737, DSM 5750	德国埃森市 Evonik 工业的 BioPlus YC, 马来西亚森美兰州 PeterLab Holdings 公司的 Microguard, 韩国京畿道 Choong Ang Biotech 公司的 Super-CyC, 美国 Kemin 工业的 CloSTATTM, 美国沃基肖 Agtech Products 工业的 MicroSource S, 丹麦豪尔斯霍勒姆科汉森公司的 BioPlus 2B, 丹麦豪尔斯霍勒姆科汉森公司的 Probios, 德国埃森 Evonik 工业的 BioPlus YC, 英国威尔特郡丹尼斯克公司的 Enviva Pro, 韩国首尔 Woogene B&G 公司的 Probion	Alexopoulos et al., 2004a; Davis et al., 2008; Rahman et al., 2013; Afsharmanesh and Sadaghi, 2014
短芽孢杆菌属			
侧孢短芽孢杆菌	—	—	Hashemzadeh et al., 2013
双歧杆菌			
动物双歧杆菌	503, DSM 16284	奥地利百奥明公司的 PoultryStar, 丹麦豪尔斯霍勒姆科汉森公司的 Probios	Mountzouris et al., 2010; Giannenas et al., 2012; Wideman et al., 2012
两歧双歧杆菌	—	美国克拉克斯代尔 Star Labs 公司的 PrimaLac, 澳大利亚 Huntingwood 市 International Animal Health Products 公司的 Protexin	Haghighi et al., 2008; Daskiran et al., 2012; Landy and Kavyani, 2013
两歧双歧杆菌	—	马来西亚森美兰州 PeterLab Holdings 公司的 Microguard	Rahman et al., 2013
嗜热双歧杆菌	—	美国克拉克斯代尔 Star Labs 公司的 PrimaLac	Khaksar, Golian and Kermanshahi, 2012; Pedroso et al., 2013
长双歧杆菌	—	—	Seo et al., 2010
假长双歧杆菌	—	—	Seo et al., 2010
乳酸双歧杆菌	—	—	Seo et al., 2010
假丝酵母属			
pintolepesii	—	英国萨默塞特郡 Probiotics International 公司的 Protexin	Daskiran et al., 2012
梭菌属			
丁酸梭菌	—	韩国首尔 Woogene B&G 公司的 Probion	Zhang et al., 2012; Zhao et al., 2013; Zhang et al., 2014a

续表

菌种	菌株	相应商业益生菌产品	参考文献
埃希氏杆菌属			
大肠杆菌	Nissle 1917	—	Hashemzadeh et al.，2013
肠球菌属			
屎肠球菌	589，NCIMB 11181，E1708，DSM 10663，NCIMB 10415，DSM 16211，DSM 3530，HJEF005	美国尼古拉斯维尔市奥特奇的All-Lac，奥地利百奥明公司的PoultryStar，美国克拉克斯代尔Star Labs公司的PrimaLac，澳大利亚Huntingwood市International Animal Health Products公司的Protexin，英国萨默塞特郡Protexin公司的Pro-Soluble，德国下齐森市Dr. Eckel GmbH公司的Anta，奥地利百奥明公司的Biomin IMBO，丹麦科汉森公司的Probios，美国帕索罗布尔斯市Santa Cruz Animal Health公司的UltraCruz	Mountzouris et al.，2010；Giannenas et al.，2012；Khaksar，Golian and Kermanshahi，2012；Wideman et al.，2012；Abdel-Rahman et al.，2013；Cao et al.，2013；Chawla et al.，2013；Landy and Kavyani，2013；Pedroso et al.，2013；Zhao et al.，2013
肠球菌	—	—	Seo et al.，2010
乳酸杆菌属			
嗜热乳酸杆菌	—	美国尼古拉斯维尔市奥特奇公司的All-Lac	Pedroso et al.，2013
嗜酸乳酸杆菌	—	丹麦科汉森公司的Probios，马来西亚森美兰州PeterLab公司的Microguard，澳大利亚International Awnimal Health Products公司的Protexin，美国帕索罗布尔斯市Santa Cruz Animal Health公司的UltraCruz，韩国首尔Probion Woogene B&G公司的PrimaLac	Morishita et al.，1997；Haghighi et al.，2008；Daskiran et al.，2012；Khaksar，Golian and Kermanshahi，2012；Shim et al.，2012；Rahman et al.，2013；
短乳酸杆菌	I 12，I 211，I 218，I 23，I 25	—	Mookiah et al.，2014
保加利亚乳酸杆菌	—	马来西亚森麦兰州PeterLab Holdings公司的Microguard，澳大利亚International Animal Health Products公司的Protexin	Daskiran et al.，2012；Rahman et al.，2013
干酪乳酸杆菌	CECT 4043	美国克拉克斯代尔Star Labs公司的PrimaLac，美国帕索罗布尔斯市Santa Cruz Animal Health公司的UltraCruz	Fajardo et al.，2012；Khaksar，Golian and Kermanshahi，2012；Landy and Kavyani，2013
德式乳酸杆菌保加利亚亚种	—	澳大利亚International Animal Health Products公司的Protexin	Daskiran et al.，2012

续表

菌种	菌株	相应商业益生菌产品	参考文献
香肠乳酸杆菌	—	英国威尔特郡丹尼斯克公司的 Enviva MPI	—
发酵乳酸杆菌	JS	韩国江原道 Gold Well-being LS 公司的 JSA-101	Bai et al.，2013
鸡乳酸杆菌	I 16，I 126，LCB 12	—	Ohya，Marubashi and Ito，2000；Mookiah et al.，2014
詹氏乳酸杆菌	—	—	Sato et al.，2009
副干酪乳酸杆菌	—	—	Bomba et al.，2002
植物乳酸杆菌	—	马来西亚森美兰州 PeterLab Holdings公司的 Microguard，澳大利亚 International Animal Health Products 公司的 Protexin，美国帕索罗布尔斯市 SantaCruz Animal Health 公司的 UltraCruz；丹麦科汉森的 Probios	Daskiran et al.，2012；Rahman et al.，2013
罗伊氏乳酸杆菌	514，C 1，C10，C16，DSM 16350，DSM 16350	奥地利百奥明公司的 Poultry-Star ME	Mountzouris et al.，2010；Giannenas et al.，2012；Wideman et al.，2012；Mookiah et al.，2014
鼠李糖乳酸杆菌	—	澳大利亚 International Animal Health Products 公司的 Protexin，英国威尔特郡丹尼斯克公司的 Enviva MPI	Daskiran et al.，2012；Hashemzadeh et al.，2013
嗜酸乳酸杆菌	—	丹麦科汉森公司的 Probios	
唾液乳酸杆菌	DSM 16351，I 24	美国费耶特维尔市 Pacific Vet Group 公司的 FloraMax-B11，奥地利百奥明公司的 Poultry-Star ME	Mountzouris et al.，2010；Biloni et al.，2013；Mookiah et al.，2014
猪肠道乳酸杆菌	—	—	Konstantinov et al.，2008
乳酸球菌属			
乳酸乳酸球菌	CECT 539	—	Fajardo et al.，2012
巨型球菌属			
埃氏巨型球菌	—	—	Seo et al.，2010
片球菌属			
乳酸片球菌	DSM 16210	美国尼古拉斯维尔市奥特奇的 All-Lac，澳大利亚百奥明公司的 PoultryStar ME	Mountzouris et al.，2010；Wideman et al.，2012；Pedroso et al.，2013

续表

菌种	菌株	相应商业益生菌产品	参考文献
婴儿片球菌	—	美国费耶特维尔市 Pacific Vet Group 公司的 FloraMax-B11	Biloni et al.，2013
普雷沃氏菌属			
布氏普雷沃氏菌	—	—	Seo et al.，2010
丙酸杆菌属			
谢氏丙酸杆菌	—	—	Seo et al.，2010
费氏丙酸杆菌	—	—	Seo et al.，2010
产丙酸丙酸杆菌	—	—	Seo et al.，2010
詹氏丙酸杆菌	—	—	Seo et al.，2010
酵母属			
布拉酵母	—	马来西亚森美兰州 PeterLab Holdings 公司的 Microguard	Rahman et al.，2013
酿酒酵母	KCTC 7193	韩国京畿道 Super-CyC Choong Ang 公司的 JSA-101 Gold	Shim et al.，2012；Abdel-Rahman et al.，2013；Bai et al.，2013
啤酒酵母	—	埃及 Vitality 公司的 Bro-biofair	Abdel-Raheem，Abd-Allah and Hassanein，2012
链球菌属			
粪链球菌	—	—	Haghighi et al.，2008
屎链球菌	—	马来西亚森美兰州 PeterLab Holdings 公司的 Microguard，美国科罗拉多 Loveland Industries 公司的 Avian PAC Soluble	Morishita et al.，1997；Rahman et al.，2013
解没食子酸链球菌	TDGB 406	—	Kumar et al.，2014
唾液链球菌嗜热亚种	—	澳大利亚 International Animal Health Products 公司的 Protexin	Daskiran et al.，2012
牛链球菌	—	—	Seo et al.，2010

注："—"表示未知。

3 益生菌的生产

3.1 微生物菌株的选择

　　用于益生菌的微生物应满足以下条件：无致病性；能在胃肠道存活；可以抵抗低 pH 和高浓度胆酸；耐受生产、运输、储存和使用条件；保持活力和某些功能（Collins, Thornton and Sullivan, 1998）。微生物抵抗胃肠道环境的能力可以通过体外耐低 pH 程度来进行检测（Hood and Zoitola, 1988；Collado and Sanz, 2006），不同菌株耐受酸性环境和胆汁的能力各不相同（Mishra and Prasad, 2005）。益生菌还应能够黏附在肠道黏膜上，以保证其定植能力（Guarner and Schaafsma, 1998）；另外益生菌培养成本要低（Collins, Thornton and Sullivan, 1998）。

　　产芽孢细菌特别是芽孢杆菌，正越来越多地被用作益生菌。芽孢杆菌的芽孢可以抵抗物理环境因素，如热、干燥和紫外辐射（Mason and Setlow, 1986；Nicholson et al., 2000；Setlow, 2006；Cutting, 2011），从而让细菌在饲料制粒、储存、调制等加工过程中保持活性。芽孢杆菌（*Bacillus lavolacticus* DSM 6475）和芽孢乳酸杆菌（菊糖芽孢乳酸杆菌和嗜酸芽孢乳酸杆菌，4 个菌株）可以抵抗 pH 3 的环境，消旋乳酸芽孢杆菌和凝结芽孢杆菌可以耐受胆汁（Hyronimus et al., 2000）。

3.2 发酵

　　发酵技术被用来大量生产微生物细胞、代谢产物（如乳酸）、酶、氨基酸、维生素及药类化合物。

　　尽管实验室中培养的益生菌（Zhou et al., 2010；Shim et al., 2012）或商业化益生菌产品已经应用于动物试验，但由实验室向商业产品转化的过程中，质量控制是非常重要的。

3.2.1　生长培养基

无论是人工配制的还是以牛奶为基础的培养基，培养基的廉价性常作为益生菌培养的重要条件（Muller et al.，2009），因为培养基成本约占发酵总成本的 30%（Rodrigues，Teixeira and Oliveira，2006）。酸奶是人用益生菌的良好选择。一些国家的法规禁止用人工配制培养基生产人用益生菌（Muller et al.，2009），但是对生产动物用益生菌的培养基则没有此要求。

一般来说，用纯的化学物质作为碳源（Javanainen and Linko，1995；Xiaodong，Xuan and Rakshit，1997）进行发酵会生产出更高质量的产品。然而，考虑到成本问题，农业和工业副产品也是制作发酵培养基的重要原料（Hofvendahl and Hahn-Hägerdal，2000）。例如，工业发酵最常用的培养基成分包括乳清（Timmer and Kromkamp，1994；Øyaas et al.，1996）、糖浆（Montelongo，Chassy and McCord，1993；Göksungur and Güvenç，1997）和淀粉（Xiaodong，Xuan and Rakshit，1997）。通常，酵母提取物和蛋白胨是发酵培养基中常见的氮源（Chiarini，Mara and Tabacchioni，1992），而更低廉的农副产品（如豆粉）则可以替代酵母提取物（Altaf et al.，2006）。饲料级植物蛋白和食品级碳水化合物已经被用于益生菌商业生产（EFSA，2008），然而多数益生菌生产企业的培养基成分是不公开的。

如果要微生物生长达到最大化，则需要非常复杂且昂贵的培养基（Muller et al.，2009）。另外，不同益生菌菌株一般需要不同的培养基来培养。

3.2.2　生长条件

受温度和 pH 的影响，微生物发酵时不同菌种和菌株的生长速度并不相同。乳酸杆菌菌株的理想温度是 25~45℃（Hofvendahl and Hahn-Hägerdal，2000）。益生菌生长的理想 pH 受菌种和菌株影响较大，有时只需在发酵之初固定 pH，不用考虑发酵过程中的变化（由于酸的产生而降低）；而有时可以通过添加缓冲剂使 pH 一直保持稳定（Hofvendahl and Hahn-Hägerdal，2000；Muller et al.，2009）。

3.2.3 发酵方法

益生菌可以通过分批发酵或连续发酵来生产。在分批发酵中，所有的培养基（无菌）和接种菌混合在发酵罐中，维持生长所需最适温度。在分批补料发酵中，可以在发酵过程中添加限制性营养素。分批发酵时，发酵培养基 pH 的降低能抑制微生物生长速度，因此需要向培养基中添加碱或缓冲液来维持合适的 pH 范围（Muller et al., 2009）。一般通过测定发酵罐中益生菌的浓度来确定发酵是否可以结束，并且通过离心或过滤的方式收集微生物细胞（Champagne, Gardner and Lacroix, 2007）。当从培养基收集微生物细胞时，保持低细胞黏度及高细胞浓度是优化分批发酵过程的重要目标，因为高黏度会降低细胞的回收效率（Champagne, Gardner and Lacroix, 2007）。对于产芽孢的细菌来说，一般是在细菌成熟前，通过限制营养素而诱导细胞形成芽孢；也可以通过降低 pH 诱导形成芽孢。

连续发酵是指新鲜的培养基连续加入到培养物中，同时细菌的细胞和产生的抑制产物被不断地移除，以保证益生菌的持续生产（Lamboley et al., 1997；Muller et al., 2009）。细菌基因突变或污染细菌的基因转移是连续发酵的重要问题。由于批次发酵比连续发酵成本低，因此人们更愿意选择批次发酵（Muller et al., 2009）。

Doleyres 等（2004）开发了一种两步发酵系统，并应用于酸奶的生产。这个系统将接种菌包被后，以一定的速度投入连续发酵罐中，以生产特定比例的乳酸乳球菌（*Lactococcus lactis* subsp. *lactis* biovar. *diacetylactis* MD）和长双歧杆菌 ATCC 1570，但是这个比例也不是稳定的。

3.3 干燥

发酵后，细菌和酵母细胞通常都要被干燥，以便于运输和储藏。益生菌微生物一般会被冷冻干燥或喷雾干燥（Muller et al., 2009），但也会用真空干燥或流化床干燥。在干燥期间，保持细胞的活性对于益生菌生产是很关键的（Meng et al., 2008）。

3.3.1　冷冻干燥

冷冻干燥包括冷冻和干燥这两步。首先通过液氮或干冰或 –20℃冷冻细菌，然后在高度真空的状态下使湿度降低到 4% 或更低以干燥细菌（Ananta et al.，2004）。冷冻的过程应该迅速完成，以避免细胞内形成冰晶（Mazur，1976）。虽然冷冻干燥是细菌干燥的最优方法，但是高昂的成本阻碍了其广泛应用（Chávez and Ledeboer，2007）。

酵母培养物也可通过冷冻干燥保存和储藏（Kawamura et al.，1995）。改良的冷冻干燥方法增加了蒸发冷却过程，该方法能够使酵母细胞保存 30 年（Bond，2007）。该方法将离心机与冷冻干燥机相连，将含保护剂的酵母进行首次干燥后，以五氧化二磷作为干燥剂在真空下进行二次干燥。另外，通过连续降低压力使酵母细胞脱水是一种代替冷冻干燥的可行方法（Rakotozafy et al.，2000）。

3.3.2　喷雾干燥

喷雾干燥是将益生菌培养物的细小液滴，通过热的喷嘴喷雾到热的干燥罐中进行干燥（Masters，1972；Knorr，1998）。在此过程中，微生物（细菌或酵母）被干燥，并在干燥罐底被收集（Master，1972）。虽然喷雾干燥中的高温能杀死大量的微生物细胞（Elizondo and Labuza，1974），但由于该技术成本低并能规模化生产，所以应用非常普遍，尤其是产芽孢的益生菌产品。

　　用作益生菌的微生物一般通过发酵生产，不同菌种和菌株具有特异性温度和 pH，通常通过冷冻干燥和喷雾干燥进行干燥制备。对于商业化产品，一定要采用廉价的培养基生产。用于动物的益生菌，需要严格控制质量，以保障生产、储运和应用期间的细胞活性。理想的益生菌需要具有适应胃肠道环境和黏附到肠道黏膜的能力。

4 益生菌的作用模式

不同益生菌的作用机制不同，它们常在胃肠道肠腔和肠壁上发挥作用，但作用机制尚未完全解析。虽然益生菌日益成为抗生素生长促进剂的替代品，但是两者的作用机制似乎是不同的（Fajardo et al.，2012）。

益生菌通过不同的机制预防和控制胃肠道致病菌，改善动物生产性能和产量，即便相近菌株的作用机制也不同（Fioramonti，Theodorou and Bueno，2003；Roselli et al.，2007；Lodemann，2010）。产芽孢菌是重要的益生菌，少部分芽孢可在动物肠道内生长（Casula and Cutting，2002；Tam et al.，2006），然而，到底是萌发还是未萌发芽孢对宿主产生有益作用尚不清楚。益生菌的主要作用机制如下。

4.1 调控胃肠道微生态：促进胃肠道有益微生物生长

在抗生素生长促进剂减量使用的背景下，通过调控日粮保持动物肠道健康，对于维持和提升动物生产性能至关重要（Choct，2009）。健康胃肠道的主要决定因素之一是微生物种群组成。益生菌可以引起胃肠道微生物种群动态变化，调整有益和有害微生物平衡，促进有益微生物种群生长（Mountzouris et al.，2007；An et al.，2008；Mountzouris et al.，2009）。胃肠道健康微生物种群通常与动物生产性能的提高有关，这表明微生物能提升动物消化效率和免疫力（Niba et al.，2009；Hung et al.，2012）。益生菌抗菌物质，如细菌素的产生及其在肠道黏膜的定植能竞争性抑制致病菌和激活免疫反应，减少胃肠道致病微生物定植。

益生菌通常可以增加乳酸杆菌和双歧杆菌（Vahjen，Jadamus and Simon，2002；Mountzouris et al.，2010；Zhang et al.，2011；Hung et al.，2012；Khaksar，Golian and Kermanshahi，2012；Shim et al.，

2012；Yang et al.，2012a；Abdelqader，Irshaid and Al-Fataftah，2013；
Cao et al.，2013；Landy and Kavyani，2013；Mookiah et al.，2014；
Zhang et al.，2014a），减少大肠菌群（特别是大肠杆菌）(Mountzouris
et al.，2010；Samli et al.，2010；Hung et al.，2012；Khaksar, Golian
and Kermanshahi，2012；Shim et al.，2012；Yang et al.，2012a；
Abdelqader，Irshaid and Al-Fataftah，2013；Cao et al.，2013；Landy
and Kavyani，2013；Mookiah et al.，2014；Zhang et al.，2014b）和梭菌
（Shim et al.，2012；Yang et al.，2012a；Abdelqader，Irshaid and Al-
Fataftah，2013；Cao et al.，2013）。因此，动物生产中常添加乳酸杆菌
（Mountzouris et al.，2010；Cao et al.，2013；Mookiah et al.，2014）、
产芽孢菌（芽孢杆菌）(Shim et al.，2012；Abdelqader，Irshaid and Al-
Fataftah，2013）和梭菌（丁酸梭菌）(Zhang et al.，2011；Yang et al.，
2012b)，并且常将革兰氏阴性菌和阳性菌进行混合添加（Hashemzadeh
et al.，2013）。与之相反，有研究发现日粮中添加商用益生菌——啤
酒酵母21天后，并不影响肠道各段（十二指肠、空肠、回肠和盲肠）
中总需氧细菌、乳糖性粪大肠菌群、乳酸杆菌和大肠杆菌数量（Abdel-
Raheem，Abd-Allah and Hassanein，2012），而42天后只有十二指肠中
乳酸杆菌数量显著增加。但是，该益生菌使动物体重增加9%，采食量
增加3%，饲料转化率增加6%。

乳酸杆菌和双歧杆菌能产生蛋白质或多肽类细菌素，抑制其他细菌
生长（Yildirim and Johnson，1998；Kawai et al.，2004），减少胃肠道有
害微生物数量。

乳酸杆菌能黏附在鸡回肠上皮细胞（Jin et al.，1996），竞争性地
排除致病微生物定植（Mookiah et al.，2014）；还可产生短链脂肪酸
（SCFA）如乙酸和乳酸，抑制胃肠道有害微生物生长（Watkins，Miller
and Neil，1982；Jin et al.，1996；Mookiah et al.，2014）。

> 益生菌可能增加乳酸杆菌和双歧杆菌等有益微生物的数量，而
> 这些有益微生物会产生抑制性物质（细菌素或有机酸），竞争性排
> 除或抑制有害微生物生长。

然而，只有很少的胃肠道微生物能够被培养，因此需要利用DNA
测序来解析益生菌对动物胃肠道微生物种群的影响。Mountzouris等

(2010) 研究发现, 在家禽饲料中添加多株益生菌 (浓度 10^8 cfu/kg 饲料), 能增加肉鸡生长速率, 但对盲肠微生物群落组成没有显著影响。当饲料中益生菌浓度增加到 10^9 cfu/kg 饲料时, 能改变盲肠微生物种群结构并减少大肠杆菌数量。

益生菌对胃肠道内微生物种群的影响, 需要注意两点: 第一, 益生菌对胃肠道微生物种群具有菌种特异性; 第二, 目前大多数研究利用传统培养技术, 无法反映胃肠道内真实微生物数量。受传统分离培养的限制, 需要利用新的测序技术, 研究益生菌对胃肠道微生物种群的影响。

4.2 提高营养物质的消化和吸收

益生菌可以通过增加营养物质消化和吸收提高动物生产性能。肉鸡对保加利亚乳酸杆菌具有剂量依赖效应, 在 2×10^6 cfu/g 剂量下, 没有显著影响肉鸡蛋白质和脂肪消化率, 但是在 6×10^6 cfu/g 和 8×10^6 cfu/g 剂量下, 蛋白质消化率从 7% 增加到了 10%, 脂肪消化率从 6.5% 增加到了 13.4%, 体重增加了 7.9%~11.7%(Apata, 2008)。商用益生菌 (AgiPro A100) 使肉鸡干物质消化率增加 12.4%, 但是在第 42 天时, 对体增重、平均日增重、采食量和饲料转化率并没有显著影响。另有研究表明, 鸡日粮中添加益生菌, 增加了必需氨基酸的回肠表观消化率, 使体重增加了 5%(Zhang and Kim, 2014), 提高了钙的生物利用率 (Chawla et al., 2013)。

益生菌提高营养物质消化率的原因可能是增强胃肠道内酶活性。乳酸杆菌可以改变鸡和猪胃肠道内消化酶的活性, 当益生菌剂量为 2×10^6 cfu/g 时, 鸡小肠内的淀粉酶活性增加 42%, 体重增加 4.6%, 饲料利用率增加 5%, 但其解朊作用和解脂作用没有变化。含有植物乳酸杆菌、嗜酸乳酸杆菌、干酪乳酸杆菌和屎肠球菌的商用益生菌可以提高断奶前仔猪小肠内蔗糖酶、乳糖酶和淀粉酶活性 (不是肽酶活性) (Collington, Parker and Armstrong, 1990)。

产芽孢菌如解淀粉芽孢杆菌会产生 α-淀粉酶、纤维素酶、蛋白酶和金属蛋白酶等胞外酶 (Gould, May and Elliott, 1975; Gangadharan et al., 2008; Lee et al., 2008), 并提高营养物质的消化率。

添加益生菌可增加胃肠道内酶活性, 这与益生菌本身可以产生酶或者诱导产酶微生物生长有关。

益生菌可以增加家禽肠绒毛长度、肠绒毛长度与隐窝深度比值（Biloni et al.，2013；Jayaraman et al.，2013；Afsharmanesh and Sadaghi，2014），进而增加营养物质吸收表面积。

4.3 生成抗菌物质

一些益生菌能产生抗菌物质，进而抑制肠道内致病性微生物的生长。

乳酸菌（LAB）(Klaenhammer，1988；Nes et al.，1996；Flynn et al.，2002)、双歧杆菌（Cheikhyoussef et al.，2008）和芽孢杆菌（Hyronimus，Le Marrec and Urdaci，1998；Le Marrec et al.，2000）等细菌能产生多种热稳定的细菌素，这些细菌素具有抗菌活性，可以抑制芽孢杆菌、葡萄球菌、肠球菌、李斯特菌和沙门氏菌等动物病原菌（Flynn et al.，2002；Corr et al.，2007；Rea et al.，2007）。Corr 等（2007）发现益生菌唾液乳酸杆菌 UCC118 可以产生一种广谱细菌素 Abp118，该菌保护实验鼠免受致病菌单增李斯特菌的感染，而不能生成细菌素的突变株则无法防止感染，这就证实了细菌素是一种有效的抑菌剂。

乳酸菌（LAB）生成的细菌素（如乳链球菌肽）能使细菌表面形成孔洞，抑制细胞壁的合成，进而抑制致病性微生物的生长（Wiedemann et al.，2001；Hassan et al.，2012）。研究发现细菌素是与细胞壁前体物质脂质 II 形成复合物，使得细胞膜形成孔洞，进而导致细菌死亡的（Wiedemann et al.，2001；Bierbaum and Sahl，2009）。

很多益生菌尤其是能产生短链脂肪酸（乳酸和乙酸）的乳酸菌（LAB），可抑制致病菌生长（Commane et al.，2005；Fayol-Messaoudi et al.，2005）。短链脂肪酸能够降低肉鸡胃肠道微环境 pH，吸收进入微生物细胞后降低细胞内 pH，引起微生物凋亡（Daskiran et al.，2012）。

益生菌还生成其他抗菌化合物，抑制胃肠道内的有害微生物。Brashears 等（1998）发现乳酸乳酸杆菌添加到冷冻生鸡肉时生成过氧化氢，抑制大肠杆菌 O157:H7 的生长。胃肠道中的乳酸杆菌会产生过氧化氢吗？枯草芽孢杆菌 PB6 是一种从鸡胃肠道中分离出来的细菌，它产生一种热稳定的抗梭菌因子，可抑制产气荚膜梭菌、艰难梭菌、肺炎链球菌、空肠弯曲杆菌和结肠弯曲杆菌生长（Teo and Tan，2005）。解淀粉芽孢杆菌能生成多种抗菌的脂肽类化合物（如表面活性肽、丰原素、杆菌霉素 D 和伊枯草菌素 A)(Sun et al.，2006；Ongena and Jacques，2008；Chen et al.，2009；Arrebola et al.，2010）和聚酮化合物（如大环内酯、地非西丁、杆菌烯和氯替卡因）(Rapp et al.，1988；Chen et al.，2009)，抑制病原菌的生长，提升肉鸡的生长性能 (Ahmed et al.，2014；Lei et al.，2015；Chen et al.，2009)。

4.4 改变致病菌的基因表达

细菌可以通过一种信号分子（自动诱导物）实现细胞与细胞之间的交流，调节细菌的行为 (Miller and Bassler，2001；Waters and Bassler，2005)。细菌之间交流的过程称作群体感应，细菌和宿主之间也同样可以通过这一过程进行交流 (Hughes and Sperandio，2008)。

益生菌影响致病菌的群体感应，进而影响它们的致病性。嗜酸乳酸杆菌 La-5 的发酵产物能抑制人出血性大肠杆菌 O157:H7 分泌一种化学物质（自动诱导物 -2)，进而抑制毒力基因 *LEE* 的表达。因此，通过干扰细菌的群体感应，可以抑制大肠杆菌 O157:H7 在胃肠道内的定植 (Medellin-Peña et al.，2007)。

4.5 调节免疫

胃肠道免疫系统保护宿主免受胃肠道多种抗原的攻击，而益生菌可以影响胃肠道先天免疫和适应性免疫功能。

4.5.1 通过恢复胃肠道屏障功能改善胃肠道免疫力

胃肠道黏膜上皮细胞在肠腔（包含有害物质如外来抗原、微生物和有毒物质，以及有益营养素）和体内环境之间形成了一个选择性的通透屏障 (Blikslager et al.，2007；Groschwitz and Hogan，2009)，这个屏障是抵抗胃肠道内微生物的第一道防线 (Baumgart and Dignass，2002；Peterson and Artis，2014)。胃肠道屏障包括联合防御功能，解剖学复杂结构，免疫分泌物［黏液、免疫球蛋白（如 IgA）、抗菌肽］和上皮紧密连接复合体 (Baumgart and Dignass，2002；Ohland and MacNaughton，2010)。引起免疫失调的疾病会破坏这层屏障 (Turner，2009)，诱导肠上皮炎症反应和肠道功能紊乱 (Hooper et al.，2001；Sartor，2006)。

益生菌提高胃肠道上皮的先天免疫，避免胃肠道发生慢性炎症（Galdeano and Perdigon，2006；Pagnini et al.，2010）。例如，衰老小鼠饲喂含有乳酸杆菌（干酪乳酸杆菌、植物乳酸杆菌、嗜酸乳酸杆菌和德氏乳酸杆菌保加利亚亚种）、双歧杆菌（长双歧杆菌、短双歧杆菌和婴儿双歧杆菌）和链球菌（唾液链球菌嗜热亚种）的益生菌制剂 6 周后，不但没有发生回肠炎，还降低了全身炎症反应（Pagnini et al.，2010）；但是如果小鼠已经产生炎症，那么该益生菌没有治疗效果（Pagnini et al.，2010）。

动物模型实验已经表明，益生菌通过降低肠道上皮通透性来改善肠道的屏障功能。小鼠肠道内微生物有时转移到肝、脾和肠系膜淋巴结等器官，而饲喂乳酸杆菌能减少微生物的转移（Mao et al.，1996；Pavan，Desreumaux and Mercenier，2003；Llopis et al.，2005）。断奶仔猪补饲乳酸片球菌后，减少了产肠毒素大肠杆菌向肠系膜淋巴结的转移（Lessard et al.，2009）。

一般来说，益生菌使用时机对于保持肠道屏障功能十分重要。在感染或病原体出现前使用益生菌是最有效的（Lodemann，2010）。

4.5.2 激活或抑制免疫应答

宿主免疫应答有时需要被激活（如感染和免疫缺陷），而有时需要被抑制（比如过敏和自身免疫疾病）（Borchers et al.，2009）。益生菌则可以调节宿主的免疫应答。

免疫应答是一个复杂多变的过程，受益生菌的菌株／菌种、剂量，断奶前后，抗原种类［如细菌（沙门氏菌）或病毒（人轮状病毒）］的影响。

回肠和空肠血细胞的免疫应答不同。益生菌能影响抗炎因子及细胞信号蛋白的表达，并可能因细胞因子的不同而有差异。在商业产品应用中，益生菌是否能够激活动物／人类细胞或病毒性抗原的免疫应答，进而减少这些抗原在排泄物中的含量呢？免疫应答是复杂多变的，受益生菌不同菌株影响，表明益生菌菌株影响免疫系统的方式具有特异性。

益生菌还可调控免疫系统，从而对病原菌做出应答。研究者可针对宿主疾病易感性、病原菌（人类和猪）脱落、宿主生长和饲料利用率等方面，进行特异性益生菌的筛选开发。随着动物抗生素的减量使用，益生菌成为一类重要替代产品。在动物生产中，通过益生菌调节免疫系统成为一项重要措施。

研究表明，益生菌对免疫应答有激活作用。Bai 等（2013）研究表明，含有发酵乳酸杆菌和啤酒酵母的益生菌可使肉鸡胃肠道中 CD3$^+$、CD4$^+$ 和 CD8$^+$ T 淋巴细胞的数量增加，激活肠道 T 细胞免疫系统。含有詹氏乳酸杆菌和格氏乳酸杆菌的益生菌显著增加新生小鸡（第 3 天和第 7 天）CD3$^+$、IL-2 和 IFN-γ 的表达（Sato et al.，2009）。Dalloul 等（2003）发现，含有嗜酸乳酸杆菌、干酪乳酸杆菌、屎肠球菌和双歧杆菌的商用益生菌（Primalac）增加感染球虫卵囊肉鸡肠道上皮内淋巴细胞数量，提高 CD3$^+$、CD4$^+$、CD8$^+$ 和 αβTCR（T 细胞受体，一种存在于 T 细胞表面的双链糖蛋白）的表达。另外，益生菌蜡样芽孢杆菌可以显著增加仔猪肠道上皮内的 CD8$^+$ T 细胞数量（Scharek et al.，2007）。益生菌屎肠球菌能增加肉鸡小肠黏膜内细胞因子（IL-4 和 TNF-α）和 IgA 含量（Cao et al.，2013）。

益生菌提高血清免疫球蛋白的表达。含有嗜酸乳酸杆菌、枯草芽孢杆菌和丁酸梭菌的益生菌可以增加鸡血清中 IgA 和 IgM 含量（Zhang and Kim，2014）；枯草芽孢杆菌益生菌产品（Gallipro）可提高肉鸡抗体含量（Afsharmanesh and Sadaghi，2014），商品化益生菌 Primalac 可提高家禽对新城疫、感染性支气管炎和感染性法氏囊病的抗体滴度（Landy and Kavyani，2013）。

益生菌发酵乳酸杆菌通过增强 T 细胞分化和上调回肠细胞因子表达，调控仔猪的免疫功能（Wang et al.，2009）。含有乳酸片球菌和啤酒酵母布拉迪亚种的益生菌能提高断奶后仔猪（已感染产肠毒性大肠杆菌）回肠内 T 细胞数量和 IgA 分泌（Lessard et al.，2009）。

但是，一些研究也已表明，益生菌在宿主体内有免疫抑制作用。屎肠球菌 NCIB10415 延长了断奶后仔猪的早期免疫应答时间，具有免疫抑制作用（Siepert et al.，2014）。在感染鼠伤寒沙门氏菌后 1~3 天，屎肠球菌 NCIMB 10415 可以降低血中单核细胞的增殖，但在感染后的第 7 天，不管是否饲喂益生菌，单核细胞都有相似的增殖反应（Siepert et al.，2014）。断奶仔猪饲喂益生菌后，肠道免疫相关基因表达减少（Siepert et al.，2014），回肠派伊尔氏淋巴结 IL-8、IL-10

和 CD86 表达显著降低，空肠派伊尔氏淋巴结 IL-10 和 CTLA4（T 细胞抑制因子）表达增加，而血清免疫相关细胞因子 IL-6 和 IL-8 没有变化。

一项早期研究发现，仔猪日粮中添加屎肠球菌 NCIMB 10415 时，空肠派伊尔氏淋巴结中淋巴细胞数量没有任何变化（Scharek et al.，2005）。在断奶后（28~56 天）添加益生菌，仔猪血清免疫球蛋白 IgG 含量减少；但是在断奶前添加的话，仔猪血清免疫球蛋白含量没有变化（Scharek et al.，2005）。

另一项研究表明，断奶仔猪每头每天饲喂 10^{10} 个细胞剂量的短乳酸杆菌 ATCC8287 时，增加回肠 IL-4、IL-6 和 TGF-β1 的表达，以及空肠、盲肠、结肠内 IL-4 和 IL-6 的表达（Lähteinen et al.，2014），但是不改变血清免疫球蛋白 IgA 和 IgG 含量。

嗜酸乳酸杆菌菌株 NCFM 以低剂量（10^6 cfu/ 次 ×5 次）使用时，显著增加无菌仔猪肠道淋巴组织 TFN-γ 型 T 细胞数量，减少调节性 T 细胞数量，降低 TGF-β1 和 IL-10 的表达（Wen et al.，2012）。与之相反，当饲喂高剂量（10^9 cfu/ 次 ×14 次）益生菌时，可增加调节性 T 细胞的数量。

不同研究中益生菌所产生的效果不同，这可能与剂量有关。宿主胃肠道的微生物也可能会影响益生菌诱导的免疫应答（Borchers et al.，2009）。

4.6 抵抗定植

新生动物胃肠道内的天然微生物一般来自母体，可以抵抗肠道内病原菌的入侵。集约化动物生产使其胃肠道内天然定植微生物数量减少，进而降低了动物对肠道病原菌的抵抗能力。益生菌可以效仿新生或成年动物体内天然定植微生物，以抵抗病原菌在肠黏膜中的定植。

一些乳酸杆菌和双歧杆菌含有疏水表面层蛋白，可以帮助细菌非特异性地黏附在动物细胞表面（Coconnier et al.，1992；Bernet et al.，1994；Hudault et al.，1997；Tuomola and Salminen，1998；Bibiloni et al.，2001；Johnson-Henry et al.，2007），与大肠杆菌 O157:H7 和沙门氏菌等病原菌竞争肠道结合位点（Bernet et al.，1994；Hudault et al.，1997；Johnson-Henry et al.，2007）。

益生菌有多种作用模式，有的是抑制肠道致病微生物，有的是改善动物生产性能。不同益生菌可能有相似的作用模式，某些菌株也可能具有多种机制。不同益生菌对胃肠道微生物菌群有相似影响，某些益生菌的作用模式仍不清楚。在许多益生菌对生产性能的研究中，并没有充分揭示益生菌的精确作用模式。由于同一种益生菌的不同菌株间可能具有不同作用模式，所以应当在菌株水平上研究其作用模式。益生菌的效果是宿主和微生物之间相互作用的结果，因此关于宿主和微生物相互作用的研究将有助于阐明益生菌作用模式。分子生物学和 DNA 测序等微生态研究技术的快速发展，将加速对益生菌作用模式的认识。

5 益生菌在畜牧业生产中的应用

5.1 益生菌在家禽营养中的应用

禽肉是最廉价的动物蛋白来源，能满足全世界对动物食品增长的需求（Farrell，2013）。随着人口数量的增长，禽肉产品的消费和贸易快速增加，已成为了继猪肉之后的第二大肉品来源（FAO，2014）。

益生菌能改善肉鸡的生长速度（Afsharmanesh and Sadaghi，2014；Mookiah et al.，2014；Zhang and Kim，2014；Lei et al.，2015），治疗或预防肠道疾病，包括沙门氏菌病（Haghighi et al.，2008；Tellez et al.，2012；Biloni et al.，2013）、坏死性肠炎（Jayaraman et al.，2013）和球虫病（Dalloul et al.，2003），但是益生菌使用效果并不一致。

5.1.1 生长速度

益生菌对肉鸡的生长促进作用要优于抗生素生长促进剂（阿维拉霉素）（Zhang and Kim，2014）和其他抗生素生长促进剂替代品（如植物提取物——精油）（Khaksar，Golian and Kermanshahi，2012），然而益生菌还未普遍性替代抗生素生长促进剂应用于生产。

益生菌（包括产芽孢和不产芽孢乳酸杆菌）和酵母对家禽生长速度的研究已有报道（Shim et al.，2012；Bai et al.，2013；Afsharmanesh and Sadaghi，2014），通常是通过提高家禽采食量而提高生长速度（Abdel-Raheem，Abd-Allah and Hassanein，2012；Landy and Kavyani，2013；Lei et al.，2015；Mountzouris et al.，2010；Shim et al.，2012；Zhang and Kim，2014）。因此，饲料的消化率及利用率的增加可能是益生菌提高家禽生长速度的主要原因。另外一个原因是益生菌影响胃肠道微生物种类，增加短链脂肪酸产量，改善免疫功能（Zhao et al.，2013）。

相反的，一些益生菌（即使相同菌种）并没有改善肉鸡的生长速度

（Fajardo et al.，2012；Hung et al.，2012；Zhao et al.，2013）。例如，Cao 等（2013）发现屎肠球菌（HJEF005）在饲料中添加量为 10^9cfu/kg 饲料时，会提高已感染大肠杆菌的雄性科布肉鸡的生长速度，而 Zhao 等（2013）发现屎肠球菌（LAB12-CGMCC4847）在饲料中添加量为 2×10^9 cfu/kg 饲料时并没有促进雄性萝丝肉鸡的生长。这两个研究中，不同肉鸡品种或益生菌菌株可能是结果差异较大的一个原因。最近研究表明，当益生菌与益生元一起使用时，效果可能会更好（Mookiah et al.，2014）。益生元是一类特异性发酵底物，它可以促进胃肠道有益微生物种群组成和活性，进而改善宿主健康（Gibson et al.，2004）。

益生菌对家禽生产性能的影响见表2。

有趣的是，有的益生菌促进家禽早期生长（Bai et al.，2013），有的益生菌会促进家禽后期生长（Shim et al.，2012；Abdel-Rahman et al.，2013；Chawla et al.，2013），有的益生菌则促进肉鸡整个生长阶段的生长（Cao et al.，2013；Landy and Kavyani，2013；Rahman et al.，2013；Mookiah et al.，2014）（表2）。这可能与肠道菌群的变化有关，因此特定生长阶段中某些益生菌的应用仍有待研究。

> 尽管很多益生菌菌株都能改善家禽生长速度，但是结果可能不一致。

5.1.2 饲料采食量和转化率

饲料是家禽生产中最大的成本，饲料利用率的微小改善也会显著提高经济收入。益生菌对家禽生产性能的改善，常归功于饲料采食量和转化率的提高（Shim et al.，2012），但这也不是绝对的。

- 益生菌增加饲料采食量，但不提高饲料转化率（Afsharmanesh and Sadaghi，2014）
- 益生菌提高饲料转化率，但不改变饲料采食量（Mountzouris et al.，2010；Shim et al.，2012；Zhang et al.，2012；Zhang and Kim，2014）
- 益生菌同时提高饲料采食量和转化率（Landy and Kavyani，2013）

表 2　益生菌对家禽生产性能的影响

微生物	商品益生菌	生长速度/最后体重 早期阶段	晚期阶段	整个阶段	饲料摄入量	饲料转化率 早期阶段	晚期阶段	整个阶段	组织学形态 肠绒毛高度	绒毛高度与隐窝深度比值	参考文献
枯草芽孢杆菌	GalliPro PrimaLac	NS	—	S(+)	S(+)	NS	—	—	S(+)	S(+)	Afsharmanesh and Sadaghi, 2014
枯草芽孢杆菌	Super-CyC	NS	S(+)	S(+)	—	NS	—	—	—	—	Abdel-Rahman et al., 2013
尿肠球菌	Anta Pro EF	NS	S(+)	S(+)	—	NS	—	—	—	—	Abdel-Rahman et al., 2013
发酵乳酸杆菌 啤酒酵母	JSA-101 Gold	S(+)	NS	—	S(+)	S(−)	NS	NS	—	—	Bai et al., 2013
唾液乳酸杆菌 小片球菌	FloraMax-B11	NS	—	—	—	—	—	—	S(+)	NS	Biloni et al., 2013
尿肠球菌	—	NS	S(+)	—	—	—	—	—	—	—	Chawla et al., 2013
凝结芽孢杆菌	—	NS	NS	NS	NS	S(−)	S(−)	S(−)	NS	NS	Hung et al., 2012
凝结芽孢杆菌	—	—	S(+)	S(+)	—	—	—	S(−)	—	—	Zhou et al., 2010
嗜酸乳酸杆菌 枯草芽孢杆菌 啤酒酵母 米曲霉	—	NS	S(+)	S(+)	S(+)	S(−)	S(−)	S(−)	—	—	Shim et al., 2012
罗伊氏乳酸杆菌 尿肠球菌 动物双歧球菌 乳酸片球菌 唾液乳酸杆菌	PoultryStar ME	NS	S(+)	S(+)	S(+)	NS	S(−)	S(−)	—	—	Mountzouris et al., 2010
丁酸梭菌	—	NS	S(+)	S(+)	NS	NS	NS	NS	—	—	Zhao et al., 2013

续表

微生物	商品益生菌	生长速度/最后体重 早期阶段	晚期阶段	整个阶段	饲料摄入量	饲料转化率 早期阶段	晚期阶段	整个阶段	组织学形态 肠绒毛高度	绒毛高度与隐窝深度比值	参考文献
屎肠球菌	—	NS	NS	NS	NS	NS	NS	NS	—	—	Zhao et al., 2013
嗜酸乳酸杆菌 枯草芽孢杆菌 DSM 17299 丁酸梭菌	Probin	NS	S (+)	S (+)	NS	NS	S (−)	NS	—	—	Zhang and Kim, 2014
嗜酸乳酸杆菌 保加利亚乳酸杆菌 植物乳酸菌 屎链球菌 两歧双歧杆菌 枯草芽孢杆菌 地衣芽孢杆菌 巨大芽孢杆菌 马铃薯芽孢杆菌 多粘芽孢杆菌 布尔氏酵母菌	Microguard	S (+)	S (+)	S (+)	—	—	—	—	—	—	Rahman et al., 2013
屎肠球菌	Bro-bio-fair	S (+)	S (+)	S (+)	S (+)	—	—	—	S (+)	S (+)	Cao et al., 2013
啤酒酵母		—	—	S (+)	S (+)	—	—	S (−)	S (+)	S (+)	Abdel-Raheem, Abd-Allah and Hassanein, 2012
植物乳酸杆菌 德氏乳酸杆菌保加利亚亚种 嗜酸乳酸杆菌 鼠李糖乳酸杆菌 两歧双歧杆菌 唾液链球菌嗜热亚种 屎肠球菌 米曲霉 平托雷佩西假丝酵母	Protexin	NS	NS	NS	NS	NS	NS	NS	NS	NS	Daskiran et al., 2012

续表

微生物	商品益生菌	生长速度/最后体重			饲料摄入量	饲料转化率			组织学形态		参考文献
		早期阶段	晚期阶段	整个阶段		早期阶段	晚期阶段	整个阶段	肠绒毛高度	绒毛高度与隐窝深度比值	
干酪乳酸杆菌干酪亚种 CECT 4043		S(-)	—	NS	NS	NS	—	NS	—	—	Fajardo et al., 2012
乳酸乳酸杆菌乳酸亚种 CECT 539		S(-)	—	NS	S(-)	NS	—	NS	—	—	Fajardo et al., 2012
嗜酸乳酸杆菌 干酪乳酸杆菌 尿肠球菌 两歧双歧杆菌	Primalac	S(+)	S(+)	S(+)	S(+)	S(-)	S(-)	S(-)	—	—	Landy and Kavyani, 2013
11株乳酸杆菌（罗伊氏乳酸杆菌 C1, C10 和 C16; 鸡乳酸杆菌 I16 和 I26; 短乳酸杆菌 I12, I23, I25, I218 和 I211; 唾液乳酸杆菌 I24）		S(+)	S(+)	S(+)	NS	S(-)	S(-)	S(-)	—	—	Mookiah et al., 2014
解淀粉芽孢杆菌		NS	S(+)	S(+)	S(+)	S(-)	S(-)	S(-)	S(+)	S(+)	Lei et al., 2015
解淀粉芽孢杆菌		S(+)	S(+)	S(+)	S(+)	S(-)	NS	S(-)	—	S(+)	Ahmed et al., 2014

注：S(+) 表示显著增高；S(-) 表示显著降低；NS 表示不显著；"—" 表示没有研究；益生菌产品生产商、城市和国家见表 1。

相反，Hung 等（2012）发现益生菌凝结芽孢杆菌导致生长末期（22~42 天）肉鸡的饲料平均采食量减少 8%，饲料转化率减少 10%。Amerah 等（2013）发现枯草芽孢杆菌导致生长末期动物采食量降低 2%，饲料转化率降低 2.7%。Mookiah 等（2014）发现，乳酸杆菌（罗伊氏乳酸杆菌 C1、C10 和 C16，鸡乳酸杆菌 I26 和 I16，短乳酸杆菌 I12、I123、I125、I1218 和 I1211，唾液乳酸杆菌 I24）混合益生菌导致家禽早期采食量降低 5.6%、饲料转化率提升 7.3%，晚期饲料转化率提升 12%。

益生菌对饲料采食量和饲料转化率的作用效果可能与动物生长阶段有关。某些益生菌在动物生长早期阶段对饲料采食量和转化率没有影响，但在后期阶段增加饲料采食量（Giannenas et al.，2012；Chawla et al.，2013；Afsharmanesh and Sadaghi，2014；Mookiah et al.，2014）。

> 很多益生菌对饲料采食量和转化率有正向调节作用，然而不同研究或益生菌的作用效果并不一致。

5.1.3　胴体产量与品质

益生菌对家禽胴体产量与品质影响的研究不多。益生菌产品 Anta Pro EF（含屎肠球菌 DSM 10663 NCIMB 10415，添加到水中）和 Super-Cyc（含枯草芽孢杆菌、啤酒酵母 KCTC 7193，添加到饲料中）能提高家禽 42 日龄胴体产量与质量（Abdel-Rahman et al.，2013）。以每天每 100 只家禽 2g 的添加量，在饮用水中加入益生菌产品 Anta Pro EF（含屎肠球菌），可增加 42 日龄家禽活体重（Abdel-Rahman et al.，2013）。但是 Afsharmanesh 和 Sadaghi（2014）发现益生菌产品 GalliPro（含枯草芽孢杆菌）没有改变家禽 42 日龄胴体重、生长速度和饲料利用率。

饲喂凝结芽孢杆菌益生菌能提高禽肉的系水量（减少滴水损失），还能改善家禽（中国本地肉鸡）肉嫩度（Zhou et al.，2010）。Zhang 等（2005）发现益生菌啤酒酵母没有改善商品肉鸡的肉嫩度。然而，这两种益生菌都能提高家禽生长速度和饲料转化率。

Zhao 等（2013）发现丁酸梭菌和屎肠球菌两种益生菌对罗斯肉鸡的肉质有不同的影响，前者使肉鸡胸肌的肌间脂肪含量增加了

3.6%（1.99/1.92mg/g），而后者对胸肌的脂肪含量无影响。

益生菌对胴体重和品质的影响仍不一致，有可能是直接影响胴体，也可能是通过生长性能来影响。这些不一致结果也许是由于不同益生菌菌株和（或）家禽品种造成的。

> 益生菌对胴体产量和品质的影响效果仍没有定论。

5.1.4　营养物质消化

以玉米和大豆为基础的日粮中，添加由嗜酸乳酸杆菌、枯草芽孢杆菌和丁酸梭菌组成的益生菌产品 Probion（$1 \times 10^2 \sim 2 \times 10^2$ cfu/g），能改善家禽回肠必需氨基酸（组氨酸和苯丙氨酸除外）表观消化率，但不改变干物质、氮和能量的消化利用（Zhang and Kim，2014）。Li 等（2008）发现，以玉米和大豆为基础的日粮中，添加含有酵母和其他微生物的益生菌产品 AgiPro A100，能增加雄性肉鸡干物质、能量、粗蛋白、钙、磷和氨基酸的回肠表观消化率，并且生长晚期效果比生长早期效果更明显。Apata（2008）也发现保加利亚乳酸杆菌能够改善玉米大豆型饲料所饲喂肉鸡的干物质和粗蛋白回肠表观消化率。类似地，Chawla 等（2013）发现益生菌屎肠球菌增加了 Vencobb 肉鸡的血钙水平，表明钙生物利用率有所改善。益生菌不同菌株产生不同的酶，弄清这些酶在不同饲料类型中的作用，将有助于理解益生菌对生产性能的影响。

益生菌可改善家禽营养物质消化，但不同日粮条件下益生菌作用方式仍不清楚。

5.1.5　肠道组织形态学

肠道黏膜结构是决定肠道功能（消化和吸收）的重要因素，肠道功能会影响家禽的生长性能。一般来说，增加绒毛长度和绒毛长度与隐窝深度比值，会提高营养物质吸收表面积（Afsharmanesh and Sadaghi，2014）。

家禽日粮中添加益生菌能够影响肠道黏膜组织结构。枯草芽孢杆菌（Jayaraman et al.，2013；Afsharmanesh and Sadaghi，2014）、凝结芽孢杆菌（Hung et al.，2012），以及产乳酸的唾液乳酸杆菌、婴儿双歧杆菌和屎肠球菌（Abdel-Rahman et al.，2013；Cao et al.，2013）都会增加肠道黏膜绒毛长度及绒毛长度与隐窝深度比值。

与抗生素生长促进剂相比，益生菌凝结芽孢杆菌 ATCC 7050 能提高家禽 6 周龄肠绒毛长度（Hung et al.，2012），枯草芽孢杆菌 PB6 能修复由产气荚膜梭菌坏死性肠炎损伤的绒毛结构（Jayaraman et al.，2013）。

> 某些益生菌有益于肠道组织形态。

5.1.6 控制或阻止肠道病原菌

随着发展中国家家禽养殖集约化发展和抗生素滥用，动物传染性病原菌如沙门氏菌和弯曲菌引起的公共卫生风险及耐药性不断增加（vanden Bogaard and Stobberingh，2000；Singer et al.，2003）。家禽其他肠道疾病如坏死性肠炎和球虫病，同样会导致畜牧业的巨大经济损失（Williams，1999；Bera et al.，2010；Skinner et al.，2010）。有益菌在家禽肠道黏膜上的定植延迟，可能是肠道病原菌疾病频发的原因之一（Crhanova et al.，2011）。新生动物孵化后的无菌环境，有利于机会性致病菌在肠道中定植（Flint and Garner，2009），而益生菌可能会阻止或控制病原菌的早期定植。

沙门氏菌病

家禽沙门氏菌感染能引发人食源性疾病，产生严重的食物安全。Nurmi 和 Rantala（1973）成功利用胃肠道培养物，对鸡沙门氏菌感染进行了预防和控制。随后，越来越多学者开展了利用胃肠道培养物和益生菌控制家禽沙门氏菌感染的研究（Lloyd，Cumming and Kent，1977；Snoeyenbos，Weinack and Smyser，1979；Bolder et al.，1992）。在早期研究中，致病菌和非致病菌之间的竞争性抑制被认为是预防沙门氏菌感染的作用机制。

益生菌已逐渐成为控制沙门氏菌尤其是具有抗性沙门氏菌的新方法（Tellez et al.，2012）。Haghighi 等（2008）指出，益生菌（剂量为 1.2 ~ 3.0 $\log_{10}$）能够减少沙门氏菌在盲肠的定植，但是具有剂量依赖性。与 1×10^5 cfu 剂量相比，1×10^6 cfu 剂量的商品益生菌（含嗜酸乳酸杆菌、双歧杆菌和肠球菌）更能减少盲肠内定植的沙门氏菌数量。

沙门氏菌定植的抑制可能与肠道淋巴组织细胞因子（IFN-γ 和 IL-12）的表达有关。某些益生菌在盲肠产生大量短链挥发性脂肪酸，预防沙门氏菌性肠炎（Argañaraz-Martínez et al.，2013）。Argañaraz-Martínez 等（2013）指出，鸡补充产丙酸丙酸杆菌 LET105 后，盲肠内短链挥发性脂肪酸生成量要比对照组高 30%，该益生菌与沙门氏菌竞争肠黏膜黏附位点（Argañaraz-Martínez et al.，2013）。益生菌也能减少家禽间沙门氏菌的传播，唾液乳酸杆菌和小片球菌组成的益生菌能减缓家禽群体内沙门氏菌病的传播（Biloni et al.，2013）。

弯曲菌病

弯曲菌病是一种重要的家禽传染性疾病，由弯曲杆菌引起。体外试验表明，从健康鸡的胃肠道分离出的益生菌菌株（屎肠球菌、乳酸片球菌、唾液乳酸杆菌和罗伊氏乳酸杆菌）能抑制弯曲杆菌的生长（Ghareeb et al.，2012），肉鸡体内试验也证实了这一结果。益生菌可能是通过生成抑制性生长因子发挥抑制弯曲杆菌的作用。类似地，益生菌产品 Primalac（含有乳酸杆菌、双歧杆菌和肠球菌）会降低肉鸡弯曲杆菌感染的风险（Willis and Reid，2008）。Morishita 等（1997）早期研究表明，在肉鸡饮水中添加含嗜酸乳酸杆菌和屎肠球菌的益生菌，能让 3 日龄仔鸡的弯曲杆菌感染率下降 70%，肠道定植率下降 27%。

坏死性肠炎

由产气荚膜杆菌引起的坏死性肠炎（NE）是家禽的重要疾病，易引起全世界范围内家禽养殖的巨大经济损失（Van der Sluis，2000；Timbermont et al.，2011）。

给感染产气荚膜梭菌的肉鸡喂枯草芽孢杆菌 PB6 能减轻肠道病症，同时显著降低胃肠道内病原体的数量（Jayaraman et al.，2013）。这是因为枯草芽孢杆菌 PB6 产生一种抗热和抗梭菌因子，可控制由产气荚膜梭菌和艰难梭菌引起的感染（Teo and Tan，2005）。

球虫病

球虫病在自然界普遍存在，具有一定的耐药性，所以球虫病是危害家禽业的最严重寄生虫病（Williams，1999）。该病由定植于胃肠道的艾美球虫所引发。许多研究评估了益生菌对球虫病的作用，得出了一些结论（Dalloul et al.，2003；Lee et al.，2007）。Giannenas 等（2012）通过使用以屎肠球菌、动物双歧杆菌、罗伊氏乳酸杆菌和短双歧杆菌为基础的益生菌（单独或联合使用），发现球虫病有所减少。

益生菌可以改善受感染家禽的肠道健康，同时显著降低寄生虫卵释放，从而减少疾病传播（Dalloul et al.，2003；Giannenas et al.，2012）。

> 益生菌可能是一种控制家禽肠道病原菌的抗生素替代物，能减少病原菌在肠道的定植与传播。

5.1.7 产蛋量与蛋品质

尽管益生菌可以影响蛋鸡的产蛋量、饲料利用率和蛋品质，但是这一作用也不是一成不变的（表3）。多项研究表明，通过在日粮中添

表3 益生菌对产蛋量和蛋品质的影响

| 微生物 | 产蛋量 | 饲料重/蛋重 | 蛋品质 | | | | | 参考文献 |
			重量	蛋壳厚度	蛋黄中胆固醇	白蛋白黏度	比重	
嗜酸乳酸杆菌 D2/CSL	S(+)	S(-)	NS	NS	—	S(+)	S(+)	Gallazzi et al.，2009
乳酸片球菌	NS	S(-)	S(+)	—	S(-)12%	—	S(+)	Mikulski et al.，2012
夹膜红细菌	NS	NS	—	—	S(-)26%	NS	—	Salma et al.，2007
植物乳酸杆菌 保加利亚乳酸杆菌 嗜酸乳酸杆菌 鼠李糖乳酸杆菌 双歧杆菌 嗜热链球菌 屎肠球菌 米曲霉 *Candida pintolopessi*	NS	—	—	NS	NS	NS	—	Asli et al.，2007
啤酒酵母	NS	—	—	NS	NS	NS	—	Asli et al.，2007
地衣芽孢杆菌 枯草芽孢杆菌	S(+)	S(-)	NS	—	S(-)38%	—	NS	Kurtoglu et al.，2004

微生物	产蛋量	饲料重/蛋重	蛋品质					参考文献
			重量	蛋壳厚度	蛋黄中胆固醇	白蛋白黏度	比重	
乳酸杆菌 双歧杆菌 链球菌 肠球菌	S(+)	S(−)	NS	—	—	—	—	Yörük et al.，2004
嗜酸乳酸杆菌 干酪乳酸杆菌 两歧双歧杆菌 米曲霉 粪链球菌 球拟酵母	S(+)	NS	NS	S(+)	S(−)14%	—	—	Panda et al.，2003
屎肠球菌	NS	—	NS	—	—	—	—	Capcarova et al.，2010
啤酒酵母 NCYC sc 47	NS	S(+)	S(−)	—	—	—	—	Dizaji and Pirmohammadi，2009
枯草芽孢杆菌 CH201 地衣芽孢杆菌 CH200	NS	S(+)	S(−)	—	—	—	—	Dizaji and Pirmohammadi，2009
嗜酸乳酸杆菌	S(+)	S(+)	—	NS	S(−)	—	—	Haddadin et al.，1996
啤酒酵母	NS	NS	NS	S(+)	—	—	—	Hassanein and Soliman，2010
屎肠球菌	NS	S(−)	NS	NS	NS	S(−)	—	Hayirli et al.，2005
枯草芽孢杆菌 地衣芽孢杆菌	NS	NS	NS	NS	S(−)	NS	—	Mahdavi et al.，2005
枯草芽孢杆菌	S(+)	S(−)	NS	—	—	—	—	Xu et al.，2006
啤酒酵母	NS	NS	NS	NS	S(−)	—	—	Yousefi and Karkoodi，2007
植物乳酸杆菌 德式乳酸杆菌保加利亚亚种 嗜酸乳酸杆菌 鼠李糖乳酸杆菌 两歧双歧杆菌 唾液链球菌嗜热亚种 屎肠球菌 米曲霉 *Candida pintolopessi*	NS	S(−)	NS	—	—	—	NS	Balevi et al.，2001

注：S(+) 表示显著增加；S(−) 表示显著降低；NS 表示不显著，"—"表示没有研究。

加益生菌会增加蛋的产量（Kurtoglu et al.，2004；Yörük et al.，2004；Xu et al.，2006；Gallazzi et al.，2009）；然而也有研究表明益生菌没有效果（Asli et al.，2007；Salma et al.，2007； Dizaji and Pirmohammadi，2009；Capcarova et al.，2010；Mikulski et al.，2012）。类似地，益生菌对蛋鸡饲料利用率有多种影响。益生菌对蛋品质的最大效果是降低蛋黄中胆固醇含量。乳酸杆菌（Haddadin et al.，1996；Panda et al.，2003）、芽孢杆菌（Kurtoglu et al.，2004）和酵母（Yousefi and Karkoodi，2007）均被证实可降低蛋黄胆固醇含量。

5.2 益生菌在猪营养中的应用

虽然欧盟等许多国家不允许在饲料中添加抗生素，但是应用低剂量抗生素来避免猪腹泻、改善生产性能仍然十分普遍。因此，猪生产中用益生菌替代抗生素生长促进剂来解决耐药性问题十分必要。相对于家禽，猪益生菌研究较少。

对于其他家畜，益生菌的作用很难一概而论，因为研究所用的微生物种类、剂量、处理时间和饲养模式都不同（Kenny et al.，2011）。

5.2.1 生长速度和饲料利用率

某些益生菌已经被用于提高猪的生长性能（表 4）。在一个大规模的试验中，研究发现由短双歧杆菌和地衣芽孢杆菌组成的益生菌产品 BioPlus 2B 替代抗生素生长促进剂（新霉素、土霉素和泰乐霉素等）后，断奶仔猪生产性能没有下降，生产成本也没有增加（Kritas and Morrison，2005）。益生菌产品 BioPlus 2B 能够增加猪生长末期体重（最高 8%）、提高饲料利用率（最大 10%），并且呈现剂量依赖关系（Alexopoulos et al.，2004b）。益生菌添加剂量分别为 0.64×10^6 cfu/g、1.28×10^6 cfu/g 和 1.92×10^6 cfu/g 时，动物日增重随着剂量增加而提高。Guo 等（2006）发现短双歧杆菌 MA139 对改善饲料转化率有显著效果。Kyriakis 等（1999）发现，每克饲料中添加 10^7 个地衣芽孢杆菌的芽孢，饲喂 28 天后，仔猪平均日增重增加 99%，饲料利用率增加 24%。Kantas 等（2015）给断奶仔猪饲料中添加 1.24×10^6 cfu/g 含图瓦永芽孢杆菌的益生菌产品 Toyocerin，42 天后仔猪平均日增重增加 5%，平均日采食量增加 1.7%（Davis et al.，

表 4   益生菌对猪生产性能的影响

微生物	生长速度	饲料转化率	饲料采食量	生长阶段	参考文献
枯草芽孢杆菌 丁酸梭菌	S(+)	S(−)	NS	生长末期猪	Meng et al.，2010
嗜酸乳酸杆菌 酿酒酵母 枯草芽孢杆菌	S(+)	NS	NS	生长猪	Chen et al.，2005
植物乳酸杆菌 ATCC 4336 发酵乳酸杆菌 DSM 20016 屎肠球菌 ATCC 19434	S(+)	NS	—	断奶仔猪	Veizaj-Delia et al.，2010
屎肠球菌 EK13	NS	—	—	新生仔猪	Strompfova et al.，2006
长双歧杆菌 (AH1206)	NS	NS	—	新生仔猪	Herfel et al.，2013
地衣芽孢杆菌	S(+)	S(−)	—	断奶仔猪	Kyriakis et al.，1999
枯草芽孢杆菌 地衣芽孢杆菌	S(+)	S(−)	NS	生长猪	Kritas et al.，2000
枯草芽孢杆菌 地衣芽孢杆菌	S(+)	S(−)	NS	生长末期猪	Alexopoulos et al.，2004b
枯草芽孢杆菌 MA139	NS	S(−)	NS	断奶仔猪	Guo et al.，2006
图瓦永芽孢杆菌	S(+)	S(−)	S(+)	断奶仔猪	Kantas et al.，2015
地衣芽孢杆菌 枯草芽孢杆菌	NS	S(−)	NS	生长末期猪	Davis et al.，2008
啤酒酵母保加利亚亚种 CNCM I-1079		S(−)		断奶仔猪	Le Bon et al.，2010

注：S（+）表示显著增加；S（−）表示显著降低；NS 表示不显著；"—"表示没有研究；ADG 表示平均日增量；FCR 表示饲料转换率

2008)，饲料利用率提高 4.7%；添加 1.47×10^8 cfu/g 的含地衣芽孢杆菌和枯草芽孢杆菌益生菌产品 MicroSource S，导致饲料利用率增加了 3%，而生长速度和采食量没有变化。

断奶仔猪饲料中添加 2×10^9 cfu/kg 的酿酒酵母 CNCM I-1079，饲喂 6 周后添加 1×10^9 cfu/kg 的乳酸片球菌 CNCM MA 18/5 M，饲喂 3 周后发现能改善饲料转化率，但不影响肠道上皮结构（绒毛长度、隐窝深度、杯状细胞数量和黏膜层厚度）(Le Bon et al.，2010)。然而，在仔

猪日粮中添加 $1.6×10^7$ cfu/g 剂量的酿酒酵母 SC47 时，没有发现对猪生长速度和营养消化性能方面的改善作用（Van Heugten, Funderburke and Dorton, 2003）。

感染产肠毒素大肠杆菌的仔猪补充 10^{10} cfu/（头·d）剂量的猪源乳酸杆菌 DSM16698 后，仔猪平均日增重提高 74%，日粮采食量增加 6%（Konstantinov et al., 2008）。在另一个实验中，仔猪补充 $3×10^8$ cfu/（头·d）剂量的嗜淀粉乳酸杆菌和屎肠球菌后，末期体重没有改善，而采食量降低了 15%~42%（Ross et al., 2010）。给母猪补充 $5×10^8$ cfu/kg 屎肠球菌后，采食量增加，繁殖性能有所改善（Böhmer, Kramer and Roth-Maier, 2006）。

益生菌的菌株、剂量不同，猪年龄、饲料类型和饲养条件（营养和环境等）各异，都可能会导致益生菌的效果不同。

> 益生菌可以增加猪的生长速度，但是对猪生产效果的影响，相对于家禽而言，变异更大。

5.2.2　健康

给断奶后、生长期和育肥期的猪补充 $0.64×10^6$~$1.28×10^6$ cfu/g 含地衣芽孢杆菌和枯草芽孢杆菌的芽孢益生菌产品 BioPlus 2B 后，发病率和死亡率显著降低（Alexopoulos et al., 2004b）。产仔前两周的哺乳期母猪补充益生菌产品 BioPlus 2B 后，能够改善产仔性能，减少新生仔猪腹泻，减少仔猪断奶前死亡率，增加断奶仔猪体重（Alexopoulos et al., 2004a）。仔猪健康与生产性能改善的原因主要是母猪体重损失减少、乳脂肪和乳蛋白含量增加。

益生菌阻止病原菌在肠道黏膜上的定植。在体外试验中，乳酸杆菌 Bb12 和乳酸杆菌 LGG 可以单独或联合阻止病原菌黏附到年轻健康猪肠道黏膜（Collado, Grzeskowiak and Salminen, 2007）。放射性标记法常被用于测定微生物在肠黏膜的定植。Szabo 等（2009）发现，屎肠球菌 NCIMB 10415 无法改善已感染鼠伤寒沙门氏菌 DT104 猪的临床症状。

产肠毒素大肠杆菌引起的断奶腹泻是全球猪养殖业存在的重大问题，由于猪死亡率高、生长速度慢且治疗成本高，容易导致巨大经济损失（Fairbrother，Nadeau and Gyles，2005）。益生菌能减轻仔猪断奶腹泻程度并减少发生率。断奶仔猪补充 10^6cfu/g 和 10^7cfu/g 地衣芽孢杆菌后，腹泻及其相关死亡率显著降低（Kyriakis et al.，1999）。仔猪饲料中添加高剂量（10^7cfu/g）益生菌要比低剂量产生更好的生长效果。在怀孕母猪分娩前 90 天到产后 28 天，以及仔猪出生后 15~56 天，日粮中添加图瓦永芽孢杆菌，结果发现断奶后仔猪腹泻率有所降低（Taras et al.，2005）。Kantas 等（2015）的研究也表明图瓦永芽孢杆菌对减少肠道病原菌和降低断奶后仔猪腹泻具有改善作用。

益生菌能减少致病性大肠杆菌在胃肠道的定植，并且预防和减轻肠道感染。猪源乳酸杆菌能减少断奶仔猪回肠中产肠毒素大肠杆菌数量（Konstantinov et al.，2008）。副干酪乳酸杆菌与麦芽糖糊精混合物会减少无菌仔猪肠道内大肠杆菌的定植。猪补充乳酸片球菌和酿酒酵母保加利亚亚种益生菌后，用致病性大肠杆菌攻毒，结果发现益生菌改善了肠道屏障功能，进而减少了大肠杆菌向肠系膜淋巴结的迁移。

Le Bon 等（2010）发现断奶仔猪补充 4 周布拉酵母菌和乳酸片球菌后，肠道大肠杆菌数量显著降低。类似地，日粮中补充屎肠球菌会降低断奶后仔猪腹泻和死亡率（Underdahl，Torres-Medina and Dosten，1982；Taras et al.，2006；Zeyner and Boldt，2006）。

> 益生菌可以有效减少断奶仔猪的腹泻率、发病率和死亡率。

5.2.3 胃肠道微生物种群

仔猪断奶前一周或断奶时一次性补充大剂量（5×10^9 或 5×10^{10}）植物乳酸杆菌（DSMZ 8862 和 8866），第二周时小肠和大肠微生物群落发生显著变化（Pieper et al.，2009），但是没有长期效应。在另一项研究中，断奶仔猪单次补充果寡糖与副干酪乳酸杆菌混合物后，增加了粪便中乳酸杆菌、双歧杆菌、总厌氧菌和总需氧细菌数量，减少了粪便中梭菌和肠杆菌的数量（Bomba et al.，2002）。猪连续 4 周补充 2×10^9 cfu/kg 酿酒酵母和乳酸片球菌后，粪便中大肠杆菌及其他大肠菌群数量暂时性减少（约两周）（Le Bon et al.，2010）。有研究发现，酿酒酵母没有改变猪胃肠道大肠杆菌、链球菌、乳酸杆菌和酵母的种群结构（Mathew et al.，

1998；Li et al.，2006)，但是提高了日增重和饲料利用效率。益生菌对动物生产性能的改善，可能与胃肠道不可培养微生物种群（而不是可培养微生物种群）相关。

> 益生菌可以增加猪胃肠道中乳酸杆菌数量，减少梭菌、大肠杆菌和肠杆菌数量。

5.3 益生菌在反刍动物营养中的应用

瘤胃具有复杂的微生态结构，日粮多糖和蛋白质会被瘤胃微生物降解产生短链脂肪酸、合成微生物蛋白质，这些都是宿主能量和蛋白质的重要来源。越来越多的国际学者，通过调控瘤胃生态系统来提高瘤胃发酵效率、动物生产性能，减少了甲烷等排放物。

酵母（酿酒酵母）是反刍动物常用益生菌（Chaucheyras-Durand，Walker and Bach，2008)，它主要影响瘤胃微生物种群演替及营养物质分解。乳酸产生菌则是另一大类重要益生菌。

除了配制饲料中使用益生菌外，青贮饲料中的益生菌也可能在瘤胃中发挥有益作用（Weinberg et al.，2004)，但是效果取决于青贮 pH 下降后的细菌存活率。

5.3.1 产奶量

益生菌可以提高奶畜的产奶量。在奶牛的日粮中添加 5×10^9 cfu 的屎肠球菌和 2×10^9 个细胞的酿酒酵母，每天每头奶牛的产奶量增加 2.3L（Nocek and Kautz，2006）。Weiss 等（2008）发现，奶牛补充丙酸杆菌 P169 后，产奶量不变，但饲料采食量减少，导致能量效率提高了 4.4%。而在荷斯坦奶牛日粮中添加嗜酸乳酸杆菌 NP51 和费氏丙酸杆菌谢氏亚种 NP24 [4×10^9 cfu/（头·d）]，使平均日产奶量增加 7.6%（Boyd，West and Bernard，2011）。萨能奶山羊每天补充 4×10^9 cfu 的酿酒酵母后，平均日产奶量增加了 14%（Stella et al.，2007）。

Desnoyers 等（2009）对 110 篇论文、157 项试验和 376 个处理进行定量荟萃分析，研究酵母（至少含有酿酒酵母）对反刍动物（牛、山羊、绵羊和水牛）采食、产奶和瘤胃发酵的影响，发现补充活的酵母益生菌会使动物每千克体重产奶量提高约 1.2 g，每千克体重干物质采食量增加 0.44 g。总体而言，益生菌对产奶量的效果是显著的，但波动很大并且乳蛋白含量没有变化。Poppy 等（2012）进行了与上述类似的荟萃分析并得出结论：商业益生菌酿酒酵母提高牛奶产量 1.18 kg/d、脂肪校正奶 1.61 kg/d、能量校正奶 1.65 kg/d。同时，酿酒酵母使乳脂肪产量提高 0.06 kg/d，乳蛋白质产量提高 0.03 kg/d，泌乳早期干物质采食量增加 0.62 kg/d，泌乳后期干物质采食量增加 0.78 kg/d。饲料采食量的增加及微生物消化性能的改善（见后文）可能是益生菌提高家畜生产性能的作用机制。

相反，Krishnamoorthy 和 Krishnappa（1996）发现，以龙爪稷（*Eleusine coracana*）秸秆为主的杂交牛日粮中补充酵母，没有影响干物质采食量、体重增长、产奶量和牛奶成分。

5.3.2　生长

益生菌能增加反刍动物体重。例如，山羊饲喂 8 周的微生物混合物（包含罗伊氏乳酸杆菌 DDL 19、食品乳酸杆菌 DDL 48、屎肠球菌 DDE 39 和两歧双歧杆菌 DDBA）后，75 日龄平均体重增加了 9%（Apás et al.，2010）。

小母牛生长期补充酿酒酵母益生菌，同样提高了生长速度（Ghazanfar et al.，2015）。怀孕白杜泊母羊棕榈仁饲料中加入解淀粉芽孢杆菌 H57 后，母羊干物质采食量和活体重增加，并且哺乳早期羔羊生产性能良好（Le et al.，2014；McNeill et al.，2016）。犊牛补充 3.16×10^8 cfu/kg 解淀粉芽孢杆菌 H57 后，第 4~12 周的干物质采食量提高了 39%（由 551 g/d 增加至 767 g/d），饲料利用率提高了 14%（Le et al.，2016）。同时，澳大利亚分离出詹氏乳酸杆菌新菌株 702，添加给荷斯坦犊牛后，导致断奶前体重增加了 25%，断奶期间增加了 50%（Adams et al.，2008）。

Frizzo 等（2011）根据 1985~2010 年期间发表的 21 篇文章，通过荟萃分析，结果发现犊牛代乳粉中添加乳酸产生菌（包括嗜酸乳酸杆菌、植物乳酸杆菌、唾液乳酸杆菌、屎肠球菌、干酪乳酸杆菌或双歧杆菌）能提高增重（标准均差 = 0.228 22，95% 置信区间 = 0.1006~0.4638），改善饲料利用效率（标准均差 = −0.8141，95% 置信区

间 = −1.2222 ~ −0.4059），但是全脂牛奶中添加益生菌没有效果。与之相反，另有研究表明犊牛开食料补充嗜酸乳酸杆菌（Abu-Tarboush，Al-Saiady and El-Din，1996；Cruywagen，Jordaan and Venter，1996）、嗜酸乳酸杆菌和屎链球菌的混合物（Higginbotham and Bath，1993）、嗜酸乳酸杆菌和植物乳酸杆菌的混合物（Abu-Tarboush，Al-Saiady and El-Din，1996）、枯草芽孢杆菌（Galina et al.，2009），以及嗜酸乳酸杆菌、乳酸乳球菌和枯草芽孢杆菌三者混合物（Galina et al.，2009）时，并未对生长性能产生影响。

益生菌菌株生产和储存的质量控制是影响其应用效果的关键，但在应用试验中未充分考虑质量控制，可能会导致不同试验间存在较大差异。

5.3.3　营养消化率

反刍动物生产性能与营养消化率密切相关。嗜酸乳酸杆菌 NP51 和费氏丙酸杆菌 NP24 混合物能提高泌乳荷斯坦奶牛粗蛋白、中性洗涤纤维和酸性洗涤纤维消化率，日产奶量增加 7.6%，但干物质采食量不增加，这可能与瘤胃微生物变化有关（Boyd，West and Bernard，2011）。奶牛产奶前 21 天至产后 10 周，补充酵母（2×10^9 cfu/d）和 2 株屎肠球菌（5×10^9 cfu/d）后，日产奶量增加 2.3 kg，但 3.5% 脂肪校正乳没有变化。屎肠球菌被认为是通过产生乳酸，影响瘤胃微生物，进而增加青贮玉米和海草的瘤胃降解，增加干物质采食量（Nocek and Kautz，2006）。然而，Hristov 等（2010）发现荷斯坦奶牛补充酿酒酵母后，青贮玉米饲料消化率没有得到改善。虽然补充酵母增加了瘤胃微生物蛋白质合成，但未影响干物质采食量、产奶量和乳成分。

Desnoyers 等（2009）将酵母对反刍动物产奶或产肉影响的文献开展荟萃分析，发现酵母平均提高干物质采食量 0.44 g/kg 体重、总有机物消化率 0.8%，效果不明显。但是，如果提高特定益生菌添加量和日粮精料比例，能产生更好的效果。饲料降解率提升可能是由于益生菌产生的酶或瘤胃微生态改善所引起的。

> 益生菌能改善反刍动物生产性能、提高产奶量、促进养分消化，并提高动物生长速度。

5.3.4　健康

益生菌除了改善反刍动物生产性能，也能改善动物健康。Apas 等（2010）从健康山羊粪便中分离出罗伊氏乳酸杆菌 DDL 19、消化乳酸杆菌 DDL 48、屎肠球菌 DDE 39 和两歧双歧杆菌，等比例混合后饲喂断奶山羊［剂量 2×10^9 cfu（头·d）］，结果减少了粪便致病菌（沙门氏菌和志贺氏菌）数量。

瘤胃酸中毒

高比例非结构性碳水化合物（淀粉）和（或）低比例纤维的日粮，可能会导致瘤胃 pH 降至最佳范围以下（Duffield et al.，2004）、短链脂肪酸积累及瘤胃缓冲能力失衡（Plaizier et al.，2008）。当 pH 降至 5.6 以下且每天 pH 维持在 5.2~5.6 至少 3 h，称为亚急性瘤胃酸中毒（SARA）（Gozho et al.，2005）。此时，动物食欲不振、腹泻、脱水、衰老、瘤胃蠕动减弱且纤维消化不良，导致产奶量降低，易造成经济损失（Duffield et al.，2004；Plaizier et al，2008）。乳酸性酸中毒是瘤胃酸中毒的严重形式，因为乳酸积聚将导致 pH 降至 5.2 以下（Owens et al.，1998）。

益生菌可以有效预防或治疗瘤胃酸中毒。绵羊瘤胃灌注丙酸杆菌 P63、植物乳酸杆菌 115 及鼠李糖乳酸杆菌 32［1×10^{11} cfu/（头·d）］时，可以有效地稳定瘤胃 pH，避免精料（小麦、玉米或甜菜浆）导致的酸中毒（Lettat et al.，2012）。益生菌可能通过提高纤维素降解和抑制产乳酸微生物，从而实现瘤胃 pH 稳定。在体外发酵中，乳酸利用菌——埃氏巨型球菌（Prabhu，Altman and Eiteman，2012）可以预防乳酸积累（Kung and Hession，1995）。Klieve 等（2003）发现益生菌埃氏巨型球菌 YE34 在喂养高谷物饲料的牛瘤胃中定植，并且导致乳酸利用菌提早 7~10 天有效定植。有趣的是，喂食高谷物饲料（大麦）的反刍动物瘤胃中以罗非红细菌为主要细菌，可以提高谷物饲料淀粉利用效率，该菌被认为是潜在的益生菌（Klieve，2007）。酿酒酵母能降低泌乳荷斯坦奶牛瘤胃乳酸浓度（Marden et al.，2008），这可能有助于防治瘤胃酸中毒（Thrune et al.，2009）。但是 Hristov 等（2010）发现，酿酒酵母发酵代谢产物对瘤胃发酵没有影响。

虽然益生菌能有效预防瘤胃酸中毒，但是它们难以在瘤胃中稳定定植。Chiquette 等（2007）尝试补充酿酒酵母和黄色瘤胃球菌 NJ，希望将黄色瘤胃球菌定植到瘤胃中。Klieve 等（2012）给肉牛补充溴化瘤胃球菌 YE282 和埃氏巨型球菌 YE34，希望增强淀粉利用能力，尽管埃氏巨型球菌 YE34 在瘤胃中获得定植，但没有改善瘤胃酸中毒。然而，Jones 和 Megaritty（1986）在山羊的瘤胃中成功定植了外源微生物互养菌 *Synergesties jonesii*（Allison et al.，1992），随后在牛瘤胃中成功定植该菌（Pratchett，Jones and Syrch，1991；Jones，Coates and Palmer，2009），结果表明该菌有助于肝脏对含羞草碱及其毒性分解产物 3,4- 二羟基的解毒作用，可防止食用豆科灌木银合欢叶中含羞草碱中毒（Halliday et al.，2013）。

大肠杆菌 O157:H57

大肠杆菌 O157:H57 是一种产生志贺毒素的大肠杆菌，可引起出血性腹泻和溶血性尿毒症，导致儿童急性肾衰竭（Karmali，Gannon and Sargeant，2010）。该菌导致的动物及其产品（肉、奶、蛋）感染是一个严重的公共卫生问题。Wisener 等（2014）通过荟萃分析研究了益生菌对大肠杆菌 O157:H7 的影响，结果发现长期（＞ 90 天）和短期（＜ 90 天）应用益生菌是有效的。嗜酸乳酸杆菌与费氏乳酸杆菌高剂量 [10^9 cfu/（头·d）] 比低剂量更有效。另外，也有研究发现嗜酸乳酸杆菌与费氏乳酸杆菌显著降低牛粪便中大肠杆菌 O157:H57 的排出（Sargeant et al.，2007）。

同样地，Ohya 等（2000）从成年牛中分离到了牛链球菌 ICB6 和鸡乳酸杆菌 LCB12，作为益生菌使用可减少大肠杆菌 O157:H57 排放，这可能是由于增加了胃肠道短链脂肪酸特别是乙酸的浓度。

犊牛腹泻

犊牛应激往往导致腹泻和减重。应激包括断奶、疫苗接种、去角、去势、做标记或高温。此外，瘤胃及其微生物种群在早期还没有完全发育，其功能作用不完善。

益生菌能减少犊牛腹泻，但存在个体差异。早在 1977 年，就有益生菌嗜酸乳酸杆菌可降低犊牛腹泻的报道（Bechman，Chambers and Cunningham，1977）。乳酸菌类益生菌可以降低犊牛腹泻率（Abe，Ishibashi and Shimamura，1995；Abu-Tarboush，Al-Saiady and El-Din，1996；Jatkauskas and Vrotniakiene，2010）。同样地，解淀粉芽孢杆菌

H57 能显著减少 4~12 周龄奶牛腹泻发病率、腹泻持续时间和腹泻总天数 (Le et al., 2016)。相反, Cruywagen 等 (1996) 发现, 嗜酸乳酸杆菌 [10^8 个细胞 /（头·d）] 没有降低犊牛腹泻发生率, 但缓解了犊牛体重的下降。Riddell 等 (2010) 发现, 饲喂代乳粉犊牛补充商业益生菌 (BioPlus 2B) [含地衣芽孢杆菌 (DSM 5749) 和枯草芽孢杆菌 (DSM 5750)] 后, 腹泻发生和持续时间没有改善。如果应激导致了胃肠道失调和微生物失衡, 届时补充益生菌的效果更突出。

> 益生菌能减少反刍动物瘤胃 pH 失衡相关疾病（如酸中毒）、犊牛腹泻、大肠杆菌感染等疾病的发生。益生菌通过调控瘤胃微生物群落稳定 pH。益生菌乳酸利用菌（如埃氏巨型形菌）可防止乳酸在瘤胃中积累, 但是这类微生物难以定植。益生菌可通过稳定瘤胃微生态减少犊牛腹泻, 也可减少产志贺毒素大肠杆菌 O157:H57 的排出。然而, 益生菌的作用效果变化较大, 这是由于益生菌（菌种、菌株）及畜牧生产（营养、饲养等）条件差异较大。

5.3.5 瘤胃发酵

Desnoyers 等 (2009) 对反刍动物酵母益生菌（至少含酿酒酵母）的荟萃分析表明, 活酵母可显著增加瘤胃短链脂肪酸浓度和 pH, 但变异很大。虽然酵母能降低瘤胃乳酸浓度, 但对乙酸与丙酸比例没有影响。酵母对瘤胃发酵的影响受精饲料与粗饲料比例的影响。总的来说, 随着精饲料比例和干物质采食量增加, 酵母对瘤胃 pH 的稳定作用增强 (Desnoyers et al., 2009)。

酵母益生菌增加日粮粗蛋白含量和干物质采食量, 提高瘤胃短链脂肪酸浓度 (Desnoyers et al., 2009)。饲料中精料和中性洗涤纤维的比例越高, 活酵母对有机物降解率提升得越高 (Desnoyers et al., 2009)。

酵母益生菌增加反刍动物瘤胃纤维分解菌的数量, 影响瘤胃微生物发酵, 提高纤维素降解率和微生物蛋白产量 (Dawson, Newman and Boling, 1990; Newbold, 1996; Chaucheyras-Durand, Walker and Bach, 2008)。

Ding 等 (2014) 通过实时定量 PCR 研究表明, 杂交肉牛饲喂苜蓿时,酿酒酵母能提高瘤胃细菌总数，但不影响瘤胃真菌和原虫数量，影响乳酸利用菌栖瘤胃月形单胞菌丰度，减少淀粉分解菌嗜淀粉瘤胃杆菌。

5.3.6 粗饲料日粮中添加益生菌

反刍动物生产中低质量粗饲料应用非常普遍，因此有必要使用益生菌改善粗饲料消化率，但是目前益生菌仅在高质量饲料中应用较多。

酵母益生菌可以增加瘤胃纤维分解菌的数量（Harrison et al.，1988；Dawson，Newman and Boling，1990），提高纤维消化率和微生物蛋白产量，可能提高动物生产性能（Newbold，1996）。然而，增加纤维素分解菌数量不一定能提高纤维消化率，因为瘤胃 pH 同样影响纤维分解菌生长（Russell and Wilson，1996）。Dawson 等（1990）发现，在高粗饲料为主日粮中补充酿酒酵母或酿酒酵母、嗜酸乳酸杆菌和屎肠球菌混合物时，娟姗牛瘤胃纤维分解菌数量增加。

动物饲喂粗饲料为主日粮时，酵母对瘤胃发酵影响效果不一致。酿酒酵母和（或）蜜环菌（白腐菌）可增加羊干物质采食量，提高代谢能摄入量和中性洗涤纤维消化率（Mpofu and Ndlovu，1994）。啤酒酵母能增加荷斯坦奶牛苜蓿干草、玉米秸秆和咖啡壳日粮的中性洗涤纤维及粗蛋白降解率（Roa et al.，1997）。此外，酵母不影响饲喂高纤维（大麦秸秆为主）（Moloney and Drennan，1994）或高谷物（Mir and Mir，1994）牛的干物质和中性洗涤纤维消化率，但能降低粗蛋白消化率。甘蔗尾饲草日粮中补充酵母，尽管能降低瘤胃 pH，但不能改善瘤胃发酵和消化率（Arcos-García et al.，2000）。

虽然益生菌尤其是酿酒酵母可以提高反刍动物低质量粗饲料消化率，但是结果不一致。后期，需要进一步开展益生菌（包括细菌）对非常规饲料（如农副产品）的效果评价。

6 益生菌安全性和潜在公共卫生风险

益生菌安全性已受到广泛关注，动物饲料中的益生菌有进入人类食物链的可能性，但这方面的研究很少。

一些微生物作为动物饲料益生菌通常被认为是安全的，但饲料益生菌也可能存在风险：一是某些益生菌中的抗性基因或决定簇的存在与转移可能导致细菌耐药性；二是益生菌可能具有传染性、产生肠毒素等毒素。

大多数研究只关注益生菌的作用效果，而不关注其安全性。大部分益生菌的安全信息来自于乳酸杆菌和双歧杆菌（Hempel et al.，2011；Shanahan，2012）。因此，益生菌安全性需要进一步的研究。

Shanahan（2012）指出，益生菌尤其是某些益生菌的安全性值得关注。

- 某些益生菌菌株的安全性评价信息不能直接用于相似益生菌（甚至同一物种不同菌株），每个益生菌菌株都需要单独开展安全和风险评估。
- 益生菌副作用与宿主（动物或人）易感性（免疫）和生理状态有关。因此，某些条件下被认为是安全的益生菌菌株，可能在其他条件下是不安全的。例如，早产和免疫低的宿主可能比足月出生的宿主具有更大的安全风险。
- 与药物一样，没有益生菌是 100% 安全或零风险的。
- 公众对益生菌风险不了解，所以有必要对益生菌使用者或消费者开展风险交流。

益生菌被有害微生物或物质污染是一个重要的安全和质量问题，有时污染物比益生菌本身危害更大。2010 年，美国卫生和公共服务部下属的卫生保健研究与质量管理处对发表的益生菌安全性数据和信息进行系统研究，得出如下结论：益生菌干预研究中缺乏不良事件的评估、系统报告及记录（Hempe et al.，2011）。

虽然有许多关于益生菌安全性的研究，但现有证据不能回答所有安全问题，也不能宣布益生菌是普遍安全或不安全的（Hempel et al.，2011）。

虽然动物饲料中微生物通常是安全的，但一些细菌或菌株可能通过向病原微生物转移抗性基因或产生肠毒素而同样存在风险（Anadón，Martínez-Larrañaga and Martínez，2006）。

6.1 益生菌的风险

虽然动物饲料中益生菌是相对安全的，但也应当对具有潜在风险的微生物采取措施，以保护动物、人类和环境安全。从理论上讲，饲料中益生菌使用风险包括（Marteau，2001；FAO/WHO，2002；Doron and Snydman，2015）：

- 饲喂益生菌后动物发生感染（胃肠道或全身）。
- 消费者食用益生菌生产的动物产品后发生感染（胃肠道或全身）。
- 益生菌中抗性基因向致病微生物转移。
- 动物生产中向环境排放感染性微生物或有毒化合物。
- 动物饲养或饲料生产人员发生感染（胃肠道或全身）。
- 益生菌导致接触人员皮肤、眼睛或黏膜过敏。
- 益生菌的外源污染菌产生毒素，导致宿主代谢紊乱或中毒。
- 过度刺激易感宿主的免疫系统。

6.1.1 风险评估

动物饲料中用作益生菌的微生物应根据上述风险进行评估，并且在微生物菌株水平上评估（图 1）。益生菌不能引起人或动物感染，不能含有可转移的抗性基因，也不能产生毒素或引起宿主免疫系统的过度应激。

安全资格认定（QPS）：欧洲对益生菌安全性的评价方法

2002 年，由欧洲动物营养、食物和植物科学委员会前成员组成的科学家团队建立了安全资格认定（QBS），为食品和饲料中微生物的使用提供风险评估方法（EFSA，2007）。欧洲食品安全局（EFSA）自 2007 年以

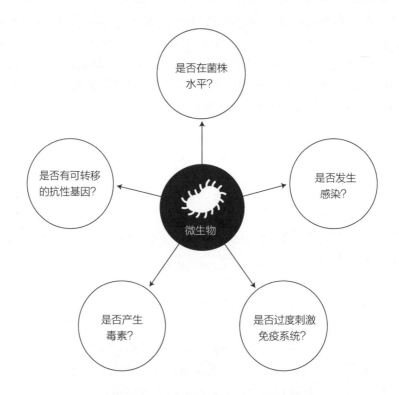

图 1　用于动物饲料益生菌的安全性评估内容

来一直在使用这一方法来评估微生物在食物生产链中的安全性。根据这一方法，如果某些微生物不构成安全风险或者风险已知并能被消除，那么这类微生物被作为 QPS 认定。任何应用到食物链中的微生物，如果通过了 QPS 认定，将可免于复杂的上市安全评估（EFSA，2007），这样有利于节约时间和成本。而没有 QPS 认定的微生物必须开展上市前风险评估。QPS 认定只授予微生物，不能授予使用微生物的产品（EFSA，2007）。QPS 认定最高在菌种水平上开展。

　　益生菌微生物 QPS 认定所需的安全评估通常包括图 2 所示的四个方面内容（EFSA，2007）。欧洲食品安全局公布了通过 QPS 认定的100 多种微生物，包括革兰氏阳性无芽孢菌、芽孢杆菌和酵母，共三大类。

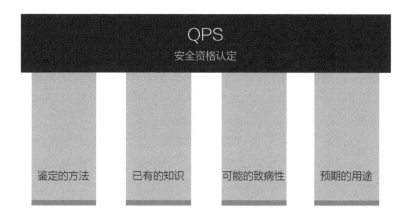

图 2　微生物开展 QPS 认定的评估内容

　　益生菌的使用并非没有风险。益生菌可能对动物健康、人类健康和环境造成一系列危害，从轻微的反应到严重的、危及生命的感染。此外，关于某一特定微生物的安全性信息不能适用于跟它亲缘关系相近的其他微生物。目前的益生菌安全信息，仍不足以宣布任何一类益生菌 100% 安全。因此，建议对益生菌微生物逐一进行风险评估。

6.2　益生菌的安全性

6.2.1　乳酸杆菌和双歧杆菌

　　乳酸杆菌和双歧杆菌可能是最安全的益生菌，因为：第一，这些微生物已安全应用于各种传统的发酵食品（Shortt，1999）；第二，这些微生物大量存在于人或动物胃肠道和其他部位（Human Microbiome Project Consortium，2012；Huse et al.，2012；Yeoman et al.，2012；Yeoman and White，2014）；第三，这些微生物极少引起感染（Gasser，1994；Saxelin et al.，1996）。嗜酸乳酸杆菌和保加利亚乳酸杆菌已被美国食品药品监督管理局（FDA）认为"总体安全"（US-FDA，2013）。然而，也有报道称，乳酸菌能穿过低免疫力人群的肠黏膜屏障，导致菌血症和心肌炎（心内膜炎）（Soleman et al.，2003；Cannon et al.，2005；De Groote et al.，2005；LeDoux，LaBombardi and Karter，2006）。然而，发生这种情况的可能性极为罕见，据报道，每百万人中发生的概率不到1人（Sanders et al.，2010）。这些罕见的乳酸菌感染可能非常严重甚至致命（Saxelin et al.，1996；Husni et al.，1997）。

在少数情况下，含有鼠李糖乳酸杆菌GG的乳制品与感染性心内膜炎及其他炎症反应（如肝脓肿）有关（Rautio et al.，1999；Cannon et al.，2005），然而益生菌在动物饲料和人类食物中的风险性可能完全不同。

临床上，乳酸杆菌的感染很难确定，这主要是感染宿主通常自身免疫力低（EFSA，2007），因此安全性评估可能无法排除机会性感染的影响（EFSA，2007）。欧洲食品安全局的QPS认定名单中罗列了35种乳酸杆菌（EFSA BIOHAZ Panel，2013），其中植物乳酸杆菌KKP/593/p和鼠李糖乳酸杆菌KKP 825是最新被授权的鸡饲料安全益生菌（EFSA FEEDAP Panel，2016）。

随着分子生物学的发展，乳酸杆菌系统发育分类地位越来越清楚。研究发现，一些之前报道的与临床疾病相关的乳酸杆菌可能实际上并不是乳酸杆菌（Salminen et al.，2002；Bernardeau et al.，2008）。

与乳酸杆菌一样，双歧杆菌也是一类安全的益生菌，几乎不会与健康宿主的感染有关。青春双歧杆菌、动物双歧杆菌、两歧双歧杆菌和短双歧杆菌已经被欧洲食品安全局列入QPS认定名单（EFSA BIOHAZ Panel，2013）。然而，免疫力低下的宿主可能会发生双歧杆菌导致的感染（Ohishi et al.，2010；Jenke et al.，2011；Barberis et al.，2012）。

> 乳酸杆菌和双歧杆菌通常被认为是最安全的益生菌。然而，一些免疫功能低下人群偶见感染（如心内膜炎、乳酸杆菌血症）的病例。

6.2.2 芽孢杆菌

产芽孢菌尤其是芽孢杆菌，由于具有耐高温的优点，在饲料的制造、储存和运输过程中更容易控制，因此被越来越多地用于饲料益生菌生产。

欧洲食品安全局已经将 13 种芽孢杆菌（包括枯草芽孢杆菌、解淀粉芽孢杆菌、地衣芽孢杆菌、凝结芽孢杆菌和巨大芽孢杆菌）列入 QPS 认定名单（EFSA BIOHAZ Panel，2013）。这些芽孢杆菌不产肠毒素和呕吐毒素，因此被认为是安全的（EFSA BIOHAZ Panel，2013）。

产芽孢菌作为益生菌也不是没有风险的，一些菌种（如炭疽芽孢杆菌、蜡样芽孢杆菌、苏云金芽孢杆菌等）是人类和动物的病原菌（Damgaard et al.，1997；Hernandez et al.，1998；Little and Ivins，1999；Kotiranta，Lounatmaa and Haapasalo，2000；Raymond et al.，2010）。虽然已经明确了炭疽芽孢杆菌和蜡样芽孢杆菌的致病机制，但其他芽孢杆菌仍不明确。

蜡样芽孢杆菌产生呕吐毒素、肠毒素溶血素 BL（Hbl）、非溶血性肠毒素（Nhe）和细胞毒素 K（CytK），可引起人体发生严重疾病（Granum and Lund，1997；Schoeni and Lee Wong，2005）。From 等（2005）筛选出 333 株不同芽孢杆菌，其中 8 株芽孢杆菌属于枯草芽孢杆菌、莫海威芽孢杆菌、短小芽孢杆菌和梭状芽孢杆菌，能产生细胞毒素和呕吐毒素。此外，某些芽孢杆菌如蜡样芽孢杆菌能引发牛乳腺炎（Parkinson，Merrall and Fenwick，1999），地衣芽孢杆菌能导致牛流产（Agerholm et al.，1997）。

> 某些用于益生菌的芽孢杆菌（如枯草芽孢杆菌）会产生细胞毒素和呕吐毒素。因此，建议在使用这些益生菌前，应开展详细的安全性评价。

6.2.3 肠球菌

在动物和人体中，尽管有多种肠球菌作为益生菌被长期应用，但也有报道称这类细菌与人类多种感染有关，并含有可转移的抗性基因元件（Franz，Holzapfel and Stiles，1999；Franz et al.，2003；2011）。肠球菌特别是粪肠球菌和屎肠球菌都被报道与获得性感染相关，是 20 世纪 90 年代医院获得性感染的常见原因（Spera and Farber，1992）。肠球菌产生多种毒力因子，诱导细菌定植、病变侵袭或发生（Franz et al.，2011）。肠球菌也机会性地与人体尿路感染、心内膜炎和肠球菌性菌血症有关

（Morrison，Woodford and Cookson，1997）。许多商业益生菌含有肠球菌
（Mountzouris et al.，2010；Khaksar，Golian and Kermanshahi，2012；
Wideman et al.，2012；Abdel-Rahman et al.，2013；Landy and Kavyani，
2013）。由于肠球菌易导致感染并产生毒素，欧洲食品安全局没有将
其引入 QPS 认定名单，因此肠球菌使用前需要逐一进行安全性评估
（EFSA BIOHAZ Panel，2013）。

> 肠球菌与群体或医院获得性感染有关，因此该菌作为益生菌使
> 用之前需要进行严格的安全性评价。

6.3　益生菌的耐药性

当前，多重耐药性病原菌已经成为全球公共卫生的最大威胁之一
（Sengupta，Chattopadhyay and Grossart，2013）。虽然耐药性刚出现时被
认为是进化的结果，但是现在人们普遍认为抗生素滥用是耐药性广泛传
播的主要原因（Davies and Davies，2010；Laxminarayan et al.，2013）。
抗性基因一般存在于细菌质粒、转座子和整合子中，通过基因水平转
移实现细菌间传播（Alekshun and Levy，2007；van Reenen and Dicks，
2011；Santagati，Campanile and Stefani，2012；Blair et al.，2015）。转
座子是细菌最重要的转移元件，负责抗性基因的跨种转移（Wozniak and
Waldor，2010）。研究抗性决定簇要比单纯研究一种或多种抗性更重要，
因为所有的抗性决定簇可能都不可转移（Davies and Davies，2010）。

病原真菌的抗真菌药物抗性日益成为严重问题（Pfaller and Diekema，
2004；Morschhäuser，2010），但真菌抗性元件的转移机制与细菌还是不
同的（Anderson，2005）。在真菌中，抗性基因（及其他基因）的水平转
移通常不易发生，尤其是在不同的菌种之间（Anderson，2005）。因此，
没有证据表明酵母存在抗性转移的风险。

动物胃肠道栖息着多样性高且数量多的复杂微生物生态系统。细
菌在肠道等复杂的微生物生态系统中彼此接触，这样有助于基因的转
移，导致非病原菌的抗性基因转移给病原菌（Aarts and Margolles，
2015）。胃肠道中抗性基因很有可能转移给潜在的病原菌（Aarts and
Margolles，2015）。因此，如果动物益生菌中存在可转移的抗性基因，

就有可能转移给环境和人体中其他微生物（González-Zorn and Escudero，2012）。

6.3.1 乳酸杆菌的耐药性

尽管乳酸杆菌被认为是最安全的益生菌，但也存在一个或更多的抗性基因（Mathur and Singh，2005；Ammor，Florez and Mayo，2007；Gueimonde et al.，2013）。这些抗性基因水平转移能力及其与转移元件（质粒、转座子和整合子）的关系仍不清楚。然而，一些食源性乳酸杆菌含有抗性基因，并且能水平转移给病原菌（表 5）（Tannock et al.，1994）。一些乳酸杆菌还能从革兰氏阳性菌那里获得抗性基因（Shrago，Chassy and Dobrogosz，1986；Tannock，1987）。

表 5　具有水平转移特征抗性基因的乳酸杆菌

物种	来源	抗性基因	相关转移元件	参考文献
短乳酸杆菌	奶产品	tet(M)	未知	Nawaz et al.，2011
发酵乳酸杆菌	奶产品	erm(B)	质粒	Gfeller et al.，2003
		erm(C)	转座子	Nawaz et al.，2011
		mrsC		Thumu and Halami，2011
		erm(T)		
		tet(K)		
		tet(L)		
副干酪乳酸杆菌	奶产品	tet(M)	Tn916	Devirgiliis et al.，2009
植物乳酸杆菌	奶产品，蔬菜	tet(M)	质粒	Nawaz et al.，2011
		erm(B)		Feld et al.，2009
		tet(W)		Thumu and Halami，2012
		tet(L)		
唾液乳酸杆菌	发酵食品，蔬菜	erm(B)	未知	Nawa et al.，2011
		tet(W)		Thumu and Halami，2012
		tet(M)		
		tet(O)		
		tet(L)		
罗伊氏乳酸杆菌	发酵食品，禽肉	erm(B)	质粒	Lin et al.，1996
		Cat-TC		Thumu and Halami，2012
		tet(W)		

具有可转移抗性基因的乳酸杆菌大多是商业益生菌产品组分
(Mountzouris et al.，2010；Daskiran et al.，2012；Bai et al.，2013；
Biloni et al.，2013；Mookiah et al.，2014)，然而很多抗性基因在乳酸
杆菌中的分布仍不清楚。四环素抗性基因 (*tet*) 是乳酸杆菌 (Ammor et
al.，2008c) 中最常见的抗性基因，氨基糖苷类抗性基因和 β-内酰胺抗性
基因 (*blaZ*) 是比较少见的抗性基因 (Aquilanti et al.，2007)。

6.3.2　双歧杆菌的耐药性

某些双歧杆菌具有耐药性表型并含有相关抗性基因 (Ammor et al.，
2008b)，但是这些抗性基因大多数与转移元件没有关系，所以是不可
转移的，因此这些细菌适合用于动物饲料益生菌 (Flórez et al.，2006；
Kazimierczak et al.，2006；Ammor et al.，2008a；Van Hoek et al.，
2008)。然而，某些双歧杆菌 (包括长双歧杆菌和动物双歧杆菌) 具有
四环素抗性基因 (*W*)，可在双歧杆菌种间进行转移 (Gueimonde et al.，
2013；Aarts and Margolles，2015)。

6.3.3　芽孢杆菌的耐药性

益生菌芽孢杆菌常被发现具有耐药性。枯草芽孢杆菌含有接合转
座子 (如 Tn5397)，能通过四环素抗性基因 (*tet*) 产生四环素耐药性
(Mullany et al.，1990；Roberts et al.，1999)。Phelan 等 (2011) 报道，一
种芽孢杆菌质粒中含有另一类可转移的四环素抗性基因 *tet* (*L*)；Monod
等 (1986) 报道，一种芽孢杆菌质粒上含有大环内酯类 – 林可霉素类 –
链阳霉素 B 类 (MLS) 抗性决定簇。大环内酯类是一种非常重要的抗生素，
广泛用来控制人类和动物感染。MLS 决定簇与大环内酯类抗性基因中的
基因 *erm* (*C*) 同源 (Monod，DeNoya and Dubnau，1986)。最普遍的抗性
基因是大环内酯类抗性基因 *erm* (*D*)，能编码 MLS 抗性决定簇 (Gryczan
et al.，1984；EFSA，2007)，然而这个基因决定簇的转移能力还没有被
确认 (EFSA，2007)。

　　由于益生菌中许多细菌都含有可转移的抗性基因，抗性基因向潜在病原微生物的转移是益生菌的重要风险之一。因此，只有证明细菌没有可转移的抗性基因，才能用于益生菌生产。乳酸杆菌、芽孢杆菌和肠球菌具有比较大的风险，因为这些属的许多菌种都有可转移的抗性基因，然而双歧杆菌的风险较小，因为它们的抗性基因大部分是不可转移的。另外，很多益生菌菌株的抗性基因信息还是未知的。如果抗性基因是不可转移的，那么抗性基因可能不是一个严重的问题。

7 动物饲料益生菌的标识

商用益生菌包装上的标签应提供以下信息：含量、产品功效、保质期、使用剂量和禁忌等。但是，商用益生菌标签上的信息常常不充分或不正确。Weese（2003）曾提出，理想的益生菌标签应当准确列出菌株名称及其含量，标清活菌数量，并且保证保质期内细菌数量有效。

更重要的是，标签中应写明不同动物的使用剂量，而这项指标常常被忽略（Weese，2003）。

很少有针对益生菌标签中微生物数量及其真实性进行研究的报道。Weese 和 Martin（2011）发现，当前商用益生菌的标签十分不规范，主要表现在：未能具体地指出所含微生物名称，未能给出活的微生物数量，提供的信息自相矛盾，未提及保质期，错误拼写微生物名称（Weese，2003；Weese and Martin，2011）。

保健品商店、药房、食品杂货店及兽医诊所中的人和动物益生菌产品标签中，仅给出了一些模糊的描述，诸如"干的乳酸杆菌""乳酸杆菌培养物""益生菌培养物""发酵产品"等（Weese，2003），并没有给出准确的微生物名称。加拿大的一项研究表明，只有32%的益生菌产品给出了正确的微生物名称（Weese and Martin，2011），而很多标签错误地拼写了微生物名称，包括使用旧名称，甚至一些根本不存在的名称（Weese，2003）。仅有很少一部分产品标签能在菌株水平上给出所含微生物的正确名称。

同样地，并非所有益生菌产品标签都包含活的微生物数量，即使标签中列出了相关的信息，也未能明确指出这是出厂时的数量，还是截至有效期时的数量（Weese，2003）。更为严重的是，在提及了微生物含量的产品中，仅仅有27%的产品中标明了活菌数量。甚至有一款产品完全不含活的微生物，但却在标签上声称每颗胶囊含有 1.4×10^7 cfu 微生物。只有很少的产品（8%）真正做到了标签含量和产品含量相一致（Weese and Martin，2011）。

商用益生菌标签上最严重的问题当属信息错误。例如，在乳酸杆菌产品标签上标识"酵母"，或者在标签上标识不存在的细菌，或者标签中细菌含量虚高（Weese，2002；Lata et al.，2006）。除此之外，商用益生菌标签中存在的严重问题还包括：包含无益生菌效果的微生物、可能致病的微生物等。

益生菌产品标签的宗旨是为消费者提供所有的必要信息，在处理、储存、运输或者使用益生菌产品时降低安全风险。标签的语言应当通俗易懂，在发展中国家，商用益生菌产品的标签大多是英文，而这些地区的人们却往往并不懂英文，因此产品的标签需要针对其使用者而量身制作。此外，标签还需要起到为消费者提供知情选择权的作用。

8　动物饲料益生菌的全球监管状况

随着胃肠道微生态和益生菌作用机制的不断认识，越来越多的微生物被开发成益生菌。由于益生菌产品关系到人类健康、动物健康及生态环境，因此对益生菌产品的监管越来越重要。生产商们关于益生菌的产品说明要正确无误，才能让消费者的权益能够得到有效保障。

与其他食品添加剂不同的是，益生菌有几个显著的特性。首先，益生菌是活的，可能会在胃肠道中失活，并且可能与宿主基因发生相互作用。因此，益生菌监管要比其他常规食品添加剂更加严格（Hoffmann et al.，2013）。此外，益生菌作为食品添加剂还是治疗药物，具有明确的界限，也有不同的监管方式。

动物粪便中排放的益生菌对环境影响的研究还没有报道。

8.1　食品规范委员会

食品规范委员会（CAC）最初是由联合国粮食及农业组织和世界卫生组织联合组建的一家机构，其宗旨是建立食品安全指导规范。食品规范委员会在"动物良好饲养操作规范（CAC/ RCP 54-2004）"中将饲料添加剂定义为"一类不属于常规饲料原料，不管是否具有营养价值，都能影响饲料性质或者动物产品的添加物质"（CAC，2004）。饲料添加剂包括：微生物、酶、酸度调节剂、微量元素及维生素。因此，良好饲养操作规范是各成员国在本国法规之外，指导益生菌生产、加工、储存、运输和分配的重要规范。

8.2　美国食品药品监督管理局

美国食品药品监督管理局（FDA）是美国人类健康及服务的重要机构，主要职能是管理和监督食品、药物（包括处方药和非处方药）、疫苗、兽医产品及食品添加剂等。根据生产商所宣称的用途，所有产品被划分成不同类别，受到 FDA 下设 6 个中心分别监管。因此，对于区分产品类别而言，产品预期用途往往比产品本身成分更加重要。

所有的畜禽饲料、宠物饲料、兽药、兽医设备及兽医生物制品都受到 FDA 兽医中心（CVM）的监管。兽医中心依法对产品的安全有效性、标签及分配进行监管。当产品的类别难以归类，无法确认由哪个中心进行监管时，FDA 产品办公室（OCP）则会提供指导。

联邦贸易委员会监管产品的宣传及营销，并且在某些方面也会对益生菌进行监管。

FDA 将动物饲料中的益生菌定义为"可直接饲喂微生物（DFM）"。FDA 指导文件（CPG Sec. 689.100）将 DFM 定义为"包含有活的微生物［细菌和（或）酵母］的产品"（US-FDA，2015）。这一指导文件批准了美国饲料管理协会官方公布的可用于直接投喂的微生物清单（表6）。单独作为青贮添加剂的产品不被列为 DFM。基于监管上的考虑，DFM 仅被认为是发酵产品或酵母产品。

表 6　美国饲料管理协会官方公布的适用于动物饲料的微生物清单

黑曲霉	嗜热双歧杆菌	啤酒片球菌
米曲霉	嗜酸乳酸杆菌	乳酸片球菌
凝结芽孢杆菌	短乳酸杆菌	戊糖片球菌
迟缓芽孢杆菌	布氏乳酸杆菌（仅适用于牛）	丙酸丙酸杆菌（仅适用于牛）
地衣芽孢杆菌	保加利亚乳酸杆菌	费氏丙酸杆菌
短小芽孢杆菌	干酪乳酸杆菌	谢氏丙酸杆菌
枯草芽孢杆菌	纤维二糖乳酸杆菌	酿酒酵母
嗜淀粉拟杆菌	弯曲乳酸杆菌	克氏肠球菌
多毛拟杆菌	德氏乳酸杆菌	双醋酸肠球菌
栖瘤胃拟杆菌	香肠乳酸杆菌（仅适用于猪）	屎肠球菌
猪拟杆菌	发酵乳酸杆菌	中链肠球菌
青春双歧杆菌	瑞士乳酸杆菌	乳酸肠球菌
动物双歧杆菌	干酪乳酸杆菌	嗜热肠球菌
两歧双歧杆菌	植物乳酸杆菌	酵母
长双歧杆菌	罗伊氏乳酸杆菌	
婴儿双歧杆菌	肠膜明串珠菌	

来源：Pendleton，1998

FDA 对益生菌的监管主要是基于其预期用途或者产品说明（表 7）。益生菌既可能是食品 / 饲料，也可能是药物，或者两种属性兼具，但其相应的监管机构不同。有着如下产品说明的益生菌被划分为"新型动物药物"，上市前需要提交新型动物药物申请（US-FDA，2015）：

- 治愈、缓解、治疗或预防疾病；
- 影响机体结构或功能。

表 7　美国食品药品监督管理局（FDA）直接饲喂微生物（益生菌）法规

产品	声称用途 / 疗效	法律地位	范畴	监管机构
直接饲喂微生物（益生菌）	治愈、治疗、缓解或预防疾病	新型动物药物	药物	美国食品药品监督管理局
	影响机体结构或功能	新型动物药物	药物	美国食品药品监督管理局
	无任何疗效或功能说明（美国饲料管理协会官方清单中的微生物）	食品	食品	美国政府
	无任何疗效或功能说明（美国饲料管理协会官方清单以外的微生物）	食品添加剂	食品添加剂	美国食品药品监督管理局

美国饲料管理协会官方公布的可用于直接饲喂的微生物清单中，将不具有治疗功能或者不影响机体结构或功能的益生菌划分为"食品"，并受相关机构的监管。被划分为食品的产品，则直接受当地政府的监管，只要不出现安全问题则不受 FDA 监管（US-FDA，2015）。但是，不在美国饲料管理协会官方公布的可用于直接饲喂的微生物清单中，并且不会带来任何机体结构或功能影响的益生菌产品，会被划分为食品添加剂，受相关部门的监管。

8.2.1　公认安全等级（GRAS）

在动物饲料原料监管方面，FDA 兽医中心公布了一项公认安全等级（GRAS）项目。根据这一项目，"任何有意添加到食品中的物质"如果被认为属于 GRAS，都可以免于食品添加剂的管制。食品添加剂公认安全等级的认证有两条渠道：科学认证或者长时间的安全饲喂（1958 年以前）。

8.3 欧洲食品安全局

欧洲对益生菌的管制十分严格,益生菌的生产商需要出具产品类别、安全性及效用的证明,并由一个科学委员会(European Commission,2003)评估。益生菌产品在上市之前需要通过该科学委员会的评估和批准,获得欧盟委员会"动物营养添加剂管理条例(1831/2003)"的授权。生产商需要遵从欧洲委员会的授权规定,相应使用和标识益生菌产品。

根据欧洲议会和理事会 2003 年 9 月 22 日的 1831/2003 号规定,动物营养添加剂被划分为五类:①工艺添加剂;②感官添加剂;③营养添加剂;④促生长添加剂;⑤抗球虫和抗组织鞭毛虫添加剂(European Commission,2003)。尽管"益生菌"一词并没有出现在该条例中,但"可饲喂动物并有益于肠道菌群的微生物及其他化合物"被划分为"肠道菌群稳定剂",归属于促生长添加剂。因此,在欧盟,动物饲料益生菌被作为促生长添加剂来管理。1831/2003 号规范为饲料添加剂的认证、使用、监管、标签及包装提供了法律依据。

2008 年 4 月,欧盟公布了 429/2008 号文件,为 1831/2003 号文件的实施提供了细则。图 3 则详细给出了新型益生菌产品在上市之前所需要的认证流程(European Commission,2008)。通过这些流程所获得的认证有效期为 10 年,逾期则须重新办理。

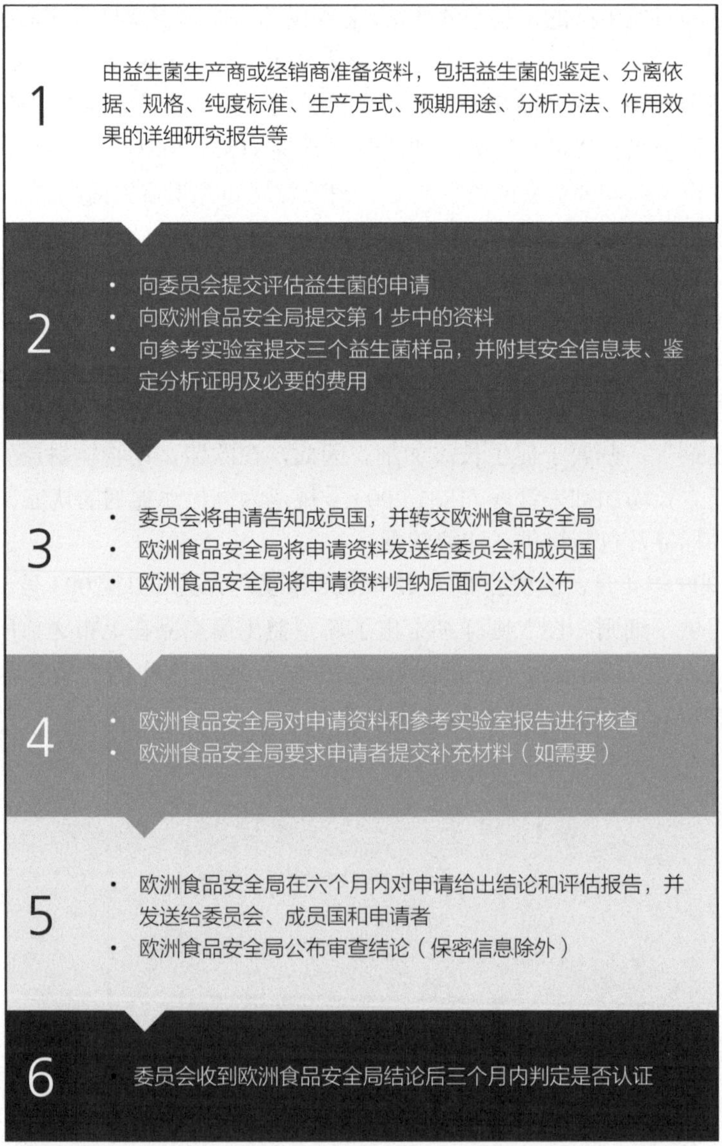

1
由益生菌生产商或经销商准备资料，包括益生菌的鉴定、分离依据、规格、纯度标准、生产方式、预期用途、分析方法、作用效果的详细研究报告等

2
- 向委员会提交评估益生菌的申请
- 向欧洲食品安全局提交第 1 步中的资料
- 向参考实验室提交三个益生菌样品，并附其安全信息表、鉴定分析证明及必要的费用

3
- 委员会将申请告知成员国，并转交欧洲食品安全局
- 欧洲食品安全局将申请资料发送给委员会和成员国
- 欧洲食品安全局将申请资料归纳后面向公众公布

4
- 欧洲食品安全局对申请资料和参考实验室报告进行核查
- 欧洲食品安全局要求申请者提交补充材料（如需要）

5
- 欧洲食品安全局在六个月内对申请给出结论和评估报告，并发送给委员会、成员国和申请者
- 欧洲食品安全局公布审查结论（保密信息除外）

6
委员会收到欧洲食品安全局结论后三个月内判定是否认证

图 3　欧盟 1831/2003 及 429/2008 规范中新型益生菌的认证流程

8.4 益生菌标签规范

欧盟委员会（European Commission）第 1831/2003 号文件给出了动物饲料添加剂中益生菌标签的相关规定。根据这一规定，饲料添加剂（含益生菌）标签需要明确标出以下内容，否则产品销售则被判定为违法：①添加剂名称及有效成分；②相关企业名称及地址；③净含量或净体积（针对液体产品）；④相关批准号；⑤针对不同动物的使用方法；⑥带批号的生产日期（European Commission，2003）。除了以上基本要求外，益生菌产品标签还需要包含以下信息：有效日期或者保质期，使用方法，菌株号，每克所含的菌落数量（European Commission，2003）。

1987 年，美国食品药品监督管理局、美国饲料管理协会及国家饲料成分协会（后来并入美国饲料工业协会）一致同意，在商业益生菌产品（DFM）标签中使用"包含有活的、天然微生物"描述，标清微生物名称和含量（单位为每克菌落数）（Pendleton，1998）。在此之前，益生菌被美国饲料管理协会划分为商业饲料，标签中被要求标识蛋白质、脂肪和纤维含量，显然这不符合产品的实际情况（Pendleton，1998）。

在很多国家，益生菌被作为饲料添加剂进行分类和销售，这可能导致益生菌监管和质量不如兽药那么严格（Weese，2003），从而忽视了益生菌的标识问题。

在很多国家，益生菌的监管常常比较模糊。对于新生益生菌，不同国家会有不同风险评估方法和严格等级。面对这种现状，我们迫切地需要一个全球性的指导方法和规范。这不仅有助于划分和管理益生菌使用，更有利于危害控制及公众健康的维护。

9 结论

畜牧业生产中，抗生素生长促进剂的滥用，提高了病原微生物的耐药性，这对人类和动物健康构成了威胁。长期以来，活的微生物被研究和用作益生菌，以替代抗生素生长促进剂。目前已经发现一些益生菌可以有效提升动物生产性能，预防疾病，防止病原菌在单胃和反刍动物中的传播。

随着对肠道微生态和益生菌机制的进一步了解，可用于动物营养的益生菌产品数量正在逐渐增加，然而益生菌的功效变化比较大。益生菌在改善动物生产性能和健康方面有着广阔的前景，但其生产效果的不可重复性是限制其广泛和持续使用的制约因素；益生菌种类、动物种类和生产操作的变异，更是加剧了益生菌效果的不确定性。研究特定微生物菌株在不同动物种类、年龄、生长环境和日粮类型条件下的作用效果，有助于确定益生菌的作用方式。尽管益生菌是替代抗生素的有效替代品，但仍需要对其效果、机制、安全性进行研究，才能获得更好的一致性效果和经济效益。

由于动物种类和饲养方式的不同及科学证据的不足，益生菌生产商的产品宣传难以被证实，同时我们很难概括得出益生菌的一般机制。由于益生菌的作用效果是宿主与益生菌微生物相互作用的结果，因此需要进一步研究益生菌与宿主之间的相互作用以明确其作用机制。虽然益生菌被普遍认为是安全的，但还没有证据证明其绝对安全性，现在大家一致认为"零风险是不可能的"（Marteau，2001）。因此，益生菌的有效性和安全性始终存在不确定性。研究确定特定益生菌达到预期效果的最低剂量及对宿主不产生任何副作用的最大剂量，将有助于实现经济效益最大化和安全风险最小化。

我们还需要进一步研究确定动物营养中益生菌是否进入人类食物链及其对人类健康的影响。制订对易感人群如免疫障碍人群的特定保护措施，将有助于进一步降低益生菌安全风险。

不同国家对畜牧生产中益生菌法规的严格程度不一样，欧盟的益生菌管理法规是以科学专家委员会对益生菌特性、安全性和有效性进行评估为基础的，堪称典范。

益生菌的安全性和有效性问题在一些发展中国家尤为突出，这些国家对益生菌作用的研究能力和规范使用能力偏弱。因此，加强益生菌风险评估研究及监管机构能力建设，对公共卫生和动物健康保护是十分重要的。

常用的益生菌已被发现含有可转移的抗性基因，可能会转移给病原菌。所以，使用没有可转移抗性基因的微生物菌株作为益生菌，将会大大降低此类安全风险。在使用含有抗性基因的微生物时，应采取相应的预防措施。

因此，随着全球化程度的增加，益生菌在动物营养中生产、销售和使用的国际规范是必不可少的。这些准则将有助于避免使用不恰当的微生物作为益生菌，并保证益生菌功效，实现目标收益。这些规范有助于更多机构参与益生菌的生产、销售和管理，并保护公共卫生安全。这些规范还应提供动物营养中益生菌风险评估的详细分析方法。

参考文献

Aarts, H. & Margolles, A. 2015. Antibiotic resistance genes in food and gut (non-pathogenic) bacteria. Bad genes in good bugs. *Frontiers in Microbiology,* 5: Art. No. 754.

Abdel-Raheem, S.M., Abd-Allah, S.M. & Hassanein, K.M. 2012. The effects of prebiotic, probiotic and synbiotic supplementation on intestinal microbial ecology and histomorphology of broiler chickens. *International Journal for Agro Veterinary and Medical Sciences,* 6(4): 277–289.

Abdel-Rahman, H., Shawky, S., Ouda, H., Nafeaa, A. & Orabi, S. 2013. Effect of two probiotics and bioflavonoids supplementation to the broilers diet and drinking water on the growth performance and hepatic antioxidant parameters. *Global Veterinaria,* 10(6): 734–741.

Abdelqader, A., Irshaid, R. & Al-Fataftah, A.-R. 2013. Effects of dietary probiotic inclusion on performance, eggshell quality, cecal microflora composition, and tibia traits of laying hens in the late phase of production. *Tropical Animal Health & Production,* 45(4): 1017–1024.

Abe, F., Ishibashi, N. & Shimamura, S. 1995. Effect of administration of bifidobacteria and lactic acid bacteria to newborn calves and piglets. *Journal of Dairy Science,* 78(12): 2838–2846.

Abu-Tarboush, H.M., Al-Saiady, M.Y. & El-Din, A.H.K. 1996. Evaluation of diet containing lactobacilli on performance, fecal coliform, and lactobacilli of young dairy calves. *Anim. Feed Sci. Technol.* 57(1): 39-49.

Adami, A. & Cavazzoni, V. 1999. Occurrence of selected bacterial groups in the faeces of piglets fed with *Bacillus coagulans* as probiotic. *Journal of Basic Microbiology,* 39(1): 3–10.

Adams, M., Luo, J., Rayward, D., King, S., Gibson, R. & Moghaddam, G. 2008. Selection of a novel direct-fed microbial to enhance weight gain in intensively reared calves. *Animal Feed Science and Technology,* 145(1): 41–52.

Afsharmanesh, M. & Sadaghi, B. 2014. Effects of dietary alternatives (probiotic, green tea powder and Kombucha tea) as antimicrobial growth promoters on growth, ileal nutrient digestibility, blood parameters, and immune response of broiler chickens. *Comparative Clinical Pathology,* 23(3): 717–724.

Agerholm, J., Willadsen, C., Nielsen, T.K., Giese, S.B., Holm, E., Jensen, L. & Agger, J. 1997. Diagnostic studies of abortion in Danish dairy herds. *Journal of Veterinary Medicine, A* 44(1-10): 551–558.

Ahmed, S. T., Islam, M. M., Mun, H.-S., Sim, H.-J., Kim, Y.-J. & Yang, C.-J. 2014. Effects of *Bacillus amyloliquefaciens* as a probiotic strain on growth performance, cecal microflora, and fecal noxious gas emissions of broiler chickens. *Poultry Science,* 93(8): 1963–1971.

Alekshun, M.N. & Levy, S.B. 2007. Molecular mechanisms of antibacterial multidrug resistance. *Cell,* 128(6): 1037–1050.

Alexopoulos, C., Georgoulakis, I., Tzivara, A., Kritas, S., Siochu, A. & Kyriakis, S. 2004a. Field evaluation of the efficacy of a probiotic containing *Bacillus licheniformis* and *Bacillus subtilis* spores, on the health status and performance of sows and their litters. *Journal of Animal Physiology and Animal Nutrition,* 88 (11-12): 381–392.

Alexopoulos, C., Georgoulakis, I., Tzivara, A., Kyriakis, C., Govaris, A., Kyriakis, S., Govaris, A. & Kyriakis, C.S. 2004b. Field evaluation of the effect of a probiotic-containing *Bacillus licheniformis* and *Bacillus subtilis* spores on the health status, performance, and carcass quality of grower and finisher pigs. *Journal of Veterinary Medicine Series A – Physiology Pathology Clinical Medicine*, 51(6): 306–312.

Allison, M.J., Mayberry, W.R., Mcsweeney, C.S. & Stahl, D.A. 1992. *Synergistes jonesii, gen. nov., sp. nov.*: a rumen bacterium that degrades toxic pyridinediols. *Systematic and Applied Microbiology,* 15(4): 522–529.

Altaf, M., Naveena, B., Venkateshwar, M., Kumar, E. V. & Reddy, G. 2006. Single step fermentation of starch to L(+) lactic acid by *Lactobacillus amylophilus* GV6 in SSF using inexpensive nitrogen sources to replace peptone and yeast extract–optimization by RSM. *Process Biochemistry,* 41(2): 465–472.

Amerah, A., Quiles, A., Medel, P., Sánchez, J., Lehtinen, M. & Gracia, M. 2013. Effect of pelleting temperature and probiotic supplementation on growth performance and immune function of broilers fed maize/soy-based diets. *Animal Feed Science and Technology,* 180(1): 55–63.

Ammor, M.S., Florez, A.B. & Mayo, B. 2007. Antibiotic resistance in non-enterococcal lactic acid bacteria and bifidobacteria. *Food Microbiology,* 24(6): 559–570.

Ammor, M.S., Flórez, A.B., Álvarez-Martín, P., Margolles, A. & Mayo, B. 2008a. Analysis of tetracycline resistance tet (W) genes and their flanking sequences in intestinal *Bifidobacterium* species. *Journal of Antimicrobial Chemotherapy,* 62(4): 688–693.

Ammor, M.S., Flórez García, A.B., van Hoek, A.H.A.M., los Reyes-Gavilán, C.G., Aarts, H.J.M., Margolles Barros, A. & Mayo Pérez, B. 2008b. Molecular characterization of intrinsic and acquired antibiotic resistance in lactic acid bacteria and bifidobacteria. *Journal of Molecular Microbiology and Biotechnology,* 14(1-3): 6–15.

Ammor, M.S., Gueimonde, M., Danielsen, M., Zagorec, M., van Hoek, A.H., Clara, G., Mayo, B. & Margolles, A. 2008c. Two different tetracycline resistance mechanisms, plasmid-carried tet (L) and chromosomally located transposon-associated tet (M), co-exist in *Lactobacillus sakei* Rits 9. *Appland Environmental Microbiology,* 74(5): 1394–1401.

An, B., Cho, B., You, S., Paik, H., Chang, H., Kim, S., Yun, C. & Kang, C. 2008. Growth performance and antibody response of broiler chicks fed yeast derived β-glucan and single-strain probiotics. *Asian-Australasian Journal of Animal Sciences,* 21(7): 1027–1032.

Anadón, A., Martínez-Larrañaga, M.R. & Martínez, M.A. 2006. Probiotics for animal nutrition in the European Union. Regulation and safety assessment. *Regulatory Toxicology and Pharmacology,* 45(1): 91–95.

Ananta, E., Birkeland, S.-E., Corcoran, B. and 21 others. 2004. Processing effects on the nutritional advancement of probiotics and prebiotics. *Microbial Ecology in Health and Disease,* 16(2-3): 113–124.

Anderson, J.B. 2005. Evolution of antifungal-drug resistance: mechanisms and pathogen fitness. *Nature Reviews in Microbiology,* 3(7): 547–556.

Apás, A.L., Dupraz, J., Ross, R., González, S.N. & Arena, M.E. 2010. Probiotic administration effect on fecal mutagenicity and microflora in the goat's gut. *Journal of Bioscience and Bioengineering,* 110(5): 537–540.

Apata, D. 2008. Growth performance, nutrient digestibility and immune response of broiler chicks fed diets supplemented with a culture of *Lactobacillus bulgaricus*. *Journal of the Science of Food and Agriculture,* 88(7): 1253–1258.

Aquilanti, L., Garofalo, C., Osimani, A., Silvestri, G., Vignaroli, C. & Clementi, F. 2007. Isolation and molecular characterization of antibiotic-resistant lactic acid bacteria from poultry and swine meat products. *Journal of Food Protection,* 70(3): 557–565.

Arcos-García, J., Castrejon, F., Mendoza, G. & Pérez-Gavilán, E. 2000. Effect of two commercial yeast cultures with *Saccharomyces cerevisiae* on ruminal fermentation and digestion in sheep fed sugar cane tops. *Livestock Production Science,* 63(2): 153–157.

Argañaraz-Martínez, E., Babot, J.D., Apella, M.C. & Perez Chaia, A. 2013. Physiological and functional characteristics of Propionibacterium strains of the poultry microbiota and relevance for the development of probiotic products. *Anaerobe,* 23: 27–37.

Arrebola, E., Jacobs, R. & Korsten, L. 2010. Iturin A is the principal inhibitor in the biocontrol activity of Bacillus amyloliquefaciens PPCB004 against postharvest fungal pathogens. *J. Appl. Microbiol.* 108(2): 386-395.

Asli, M.M., Hosseini, S.A., Lotfollahian, H. & Shariatmadari, F. 2007. Effect of probiotics, yeast, vitamin E and vitamin C supplements on performance and immune response of laying hen during high environmental temperature. *International Journal of Poultry Science,* 6(12): 895–900.

Bai, S., Wu, A., Ding, X., Lei, Y., Bai, J., Zhang, K. & Chio, J. 2013. Effects of probiotic-supplemented diets on growth performance and intestinal immune characteristics of broiler chickens. *Poultry Sci.* 92(3): 663-670.

Balevi, T., Ucan, U., Coşun, B., Kurtoǧu, V. & Cetingül, I. 2001. Effect of dietary probiotic on performance and humoral immune response in layer hens. *Brit. Poultry Sci.* 42(4): 456-461.

Barberis, C.M., Cittadini, R.M., Almuzara, M.N., Feinsilberg, A., Famiglietti, A.M., Ramírez, M.S. & Vay, C.A. 2012. Recurrent urinary infection with *Bifidobacterium scardovii*. *Journal of Clinical Microbiology,* 50(3): 1086–1088.

Baumgart, D.C. & Dignass, A.U. 2002. Intestinal barrier function. *Current Opinion in Clinical Nutrition and Metabolic Care,* 5(6): 685–694.

Bechman, T., Chambers, J. & Cunningham, M. 1977. Influence of *Lactobacillus acidophilus* on performance of young dairy calves. *Journal of Dairy Science,* 60: 74–75.

Bera, A.K., Bhattacharya, D., Pan, D., Dhara, A., Kumar, S. & Das, S. 2010. Evaluation of economic losses due to coccidiosis in poultry industry in India. *Agricultural Economics Research Reviews,* 23: 91–96.

Bernardeau, M., Vernoux, J.P., Henri-Dubernet, S. & Gueguen, M. 2008. Safety assessment of dairy micro-organisms: the *Lactobacillus* genus. *International Journal of Food Microbiology,* 126(3): 278–285.

Bernet, M.-F., Brassart, D., Neeser, J. & Servin, A. 1994. *Lactobacillus acidophilus* LA 1 binds to cultured human intestinal cell lines and inhibits cell attachment and cell invasion by enterovirulent bacteria. *Gut,* 35(4): 483–489.

Bibiloni, R., Pérez, P.F., Garrote, G.L., Disalvo, E.A. & De Antoni, G.L. 2001. Surface characterization and adhesive properties of bifidobacteria. *Methods in Enzymology,* 336: 411–427.

Bierbaum, G. & Sahl, H.-G. 2009. Lantibiotics: mode of action, biosynthesis and bioengineering. *Current Pharmaceutical Biotechnology,* 10(1): 2–18.

Biloni, A., Quintana, C., Menconi, A., Kallapura, G., Latorre, J., Pixley, C., Layton, S., Dalmagro, M., Hernandez-Velasco, X. & Wolfenden, A. 2013. Evaluation of effects of EarlyBird associated with FloraMax-B11 on *Salmonella* Enteritidis, intestinal morphology, and performance of broiler chickens. *Poultry Science,* 92(9): 2337–2346.

Blair, J.M., Webber, M.A., Baylay, A.J., Ogbolu, D.O. & Piddock, L.J. 2015. Molecular mechanisms of antibiotic resistance. *Nature Reviews in Microbiology,* 13(1): 42–51.

Blikslager, A.T., Moeser, A.J., Gookin, J.L., Jones, S.L. & Odle, J. 2007. Restoration of barrier function in injured intestinal mucosa. *Physiology Reviews,* 87(2): 545–564.

Böhmer, B., Kramer, W. & Roth-Maier, D. 2006. Dietary probiotic supplementation and resulting effects on performance, health status, and microbial characteristics of primiparous sows. *Journal of Animal Physiology and Animal Nutrition,* 90(7-8): 309–315.

Bolder, N., Van Lith, L., Putirulan, F., Jacobs-Reitsma, W. & Mulder, R. 1992. Prevention of colonization by *Salmonella enteritidis* PT4 in broiler chickens. *International Journal of Food Microbiology,* 15(3): 313–317.

Bomba, A., Nemcova, R., Gancarcikova, S., Herich, R., Guba, P. & Mudronova, D. 2002. Improvement of the probiotic effect of micro-organisms by their combination with maltodextrins, fructo-oligosaccharides and polyunsaturated fatty acids. *British Journal of Nutrition,* 88(S1): S95–S99.

Bond, C. 2007. Freeze-drying of yeast cultures. pp. 99–107, *in: Cryopreservation and Freeze-Drying Protocols.* Methods in Molecular Biology No. 368. Humana Press, New York, USA.

Borchers, A.T., Selmi, C., Meyers, F.J., Keen, C.L. & Gershwin, M.E. 2009. Probiotics and immunity. *Journal of Gastroenterology,* 44(1): 26–46.

Boyd, J., West, J. & Bernard, J. 2011. Effects of the addition of direct-fed microbials and glycerol to the diet of lactating dairy cows on milk yield and apparent efficiency of yield. *Journal of Dairy Science,* 94(9): 4616–4622.

Brashears, M.M., Reilly, S.S. & Gilliland, S.E. 1998. Antagonistic action of cells of *Lactobacillus lactis* toward *Escherichia coli* O157: H7 on refrigerated raw chicken meat. *Journal of Food Protection,* 61(2): 166–170.

Bruinsma, J. 2003. Livestock Production. In: J. Bruinsma (ed.) *World agriculture: towards 2015/2030. An FAO perspective.* Earthscan Publications Ltd, London.

Cannon, J., Lee, T., Bolanos, J. & Danziger, L. 2005. Pathogenic relevance of *Lactobacillus*: a retrospective review of over 200 cases. *European Journal of Clinical Microbiology,* 24(1): 31–40.

Cao, G.T., Zeng, X.F., Chen, A.G., Zhou, L., Zhang, L., Xiao, Y.P. & Yang, C.M. 2013. Effects of a probiotic, *Enterococcus faecium*, on growth performance, intestinal morphology, immune response, and caecal microflora in broiler chickens challenged with *Escherichia coli* K88. *Poultry Science,* 92(11): 2949–2955.

Capcarova, M., Chmelnicna, L., Kolesarova, A., Massanyi, P. & Kovacik, J. 2010. Effects of *Enterococcus faecium* M 74 strain on selected blood and production parameters of laying hens. *British Poultry Science,* 51(5): 614–620.

Casula, G. & Cutting, S M. 2002. *Bacillus* probiotics: spore germination in the gastro-intestinal tract. *Applied and Environmental Microbiology,* 68(5): 2344–2352.

Champagne, C. P., Gardner, N. J. & Lacroix, C. 2007. Fermentation technologies for the production of exopolysaccharide-synthesizing Lactobacillus rhamnosus concentrated cultures. *Electronic Journal of Biotechnology,* 10(2): 211–220.

Chaucheyras-Durand, F., Walker, N. & Bach, A. 2008. Effects of active dry yeasts on the rumen microbial ecosystem: Past, present and future. *Animal Feed Science and Technology,* 145(1): 5–26.

Chávez, B. & Ledeboer, A. 2007. Drying of probiotics: optimization of formulation and process to enhance storage survival. *Drying Technol.* 25(7-8): 1193–1201.

Chawla, S., Katoch, S., Sharma, K. & Sharma, V. 2013. Biological response of broiler supplemented with varying dose of direct fed microbial. *Veterinary World,* 6(8): 521–524.

Cheikhyoussef, A., Pogori, N., Chen, W. & Zhang, H. 2008. Antimicrobial proteinaceous compounds obtained from bifidobacteria: From production to their application. *International Journal of Food Microbiology,* 125(3): 215–222.

Chen, Y. J., Son, K. S., Min, B. J., Cho, J. H., Kwon, O. S. & Kim, I. H. 2005. Effects of dietary probiotic on growth performance, nutrients digestibility, blood characteristics and fecal noxious gas content in growing pigs. *Asian-Australasian Journal of Animal Sciences* 18(10): 1464-1468.

Chen, X., Koumoutsi, A., Scholz, R., Schneider, K., Vater, J., Süssmuth, R., Piel, J. & Borriss, R. 2009. Genome analysis of *Bacillus amyloliquefaciens* FZB42 reveals its potential for biocontrol of plant pathogens. *Journal of Biotechnology,* 140(1): 27–37.

Chiarini, L., Mara, L. & Tabacchioni, S. 1992. Influence of growth supplements on lactic acid production in whey ultrafiltrate by Lactobacillus helveticus. *Appl. Microbiol. Biotechnol.* 36(4): 461-464.

Chiquette, J., Talbot, G., Markwell, F., Nili, N. & Forster, R. 2007. Repeated ruminal dosing of *Ruminococcus flavefaciens* NJ along with a probiotic mixture in forage or concentrate-fed dairy cows: Effect on ruminal fermentation, cellulolytic populations and *in sacco* digestibility. *Canadian Journal of Animal Science,* 87(2): 237–249.

Choct, M. 2009. Managing gut health through nutrition. *British Poultry Science,* 50(1): 9–15.

Coconnier, M.H., Klaenhammer, T., Kerneis, S., Bernet, M. & Servin, A. 1992. Protein-mediated adhesion of *Lactobacillus acidophilus* BG2FO4 on human enterocyte and mucus-secreting cell lines in culture. *Applied Environmental Microbiology,* 58(6): 2034–2039.

CAC [Codex Alimentarius Commission]. 2004. Code of practice on good animal feeding CAC/RCP 54-2004. http://www.codexalimentarius.org/download/standards/10080/CXP_054e.pdf Accessed 17 January 2015.

Collado, M.C., Grzeskowiak, L. & Salminen, S. 2007. Probiotic strains and their combination inhibit in vitro adhesion of pathogens to pig intestinal mucosa. *Current Microbiology,* 55(3): 260–265.

Collado, M.C. & Sanz, Y. 2006. Method for direct selection of potentially probiotic Bifidobacterium strains from human feces based on their acid-adaptation ability. *Journal of Microbiological Methods,* 66(3): 560-563.

Collington, G., Parker, D. & Armstrong, D. 1990. The influence of inclusion of either an antibiotic or a probiotic in the diet on the development of digestive enzyme activity in the pig. *British Journal of Nutrition,* 64(01): 59–70.

Collins, J., Thornton, G. & Sullivan, G. 1998. Selection of probiotic strains for human applications. *International Dairy Journal,* 8(5-6): 487–490.

Commane, D.M., Shortt, C.T., Silvi, S., Cresci, A., Hughes, R.M. & Rowland, I.R. 2005. Effects of fermentation products of pro-and prebiotics on trans-epithelial electrical resistance in an *in vitro* model of the colon. *Nutr. Cancer* 51(1): 102-109. *Nutrition and Cancer-An International Journal,* 51(1): 102–109.

Corr, S.C., Li, Y., Riedel, C.U., O'Toole, P.W., Hill, C. & Gahan, C.G. 2007. Bacteriocin production as a mechanism for the anti-infective activity of *Lactobacillus salivarius* UCC118. *Proceedings of the National Academy of Science of the United States of America,* 104(18): 7617–7621.

Cotter, P. D., Hill, C. & Ross, R.P. 2005. Bacteriocins: developing innate immunity for food. *Nature Reviews in Microbiology,* 3(10): 777–788.

Crhanova, M., Hradecka, H., Faldynova, M., Matulova, M., Havlickova, H., Sisak, F. & Rychlik, I. 2011. Immune response of chicken gut to natural colonization by gut microflora and to *Salmonella enterica* serovar Enteritidis infection. *Infection and Immunity,* 79(7): 2755–2763.

Cruywagen, C., Jordaan, I. & Venter, L. 1996. Effect of *Lactobacillus acidophilus* supplementation of milk replacer on preweaning performance of calves. *Journal of Dairy Science,* 79(3): 483–486.

Cutting, S. M. 2011. *Bacillus* probiotics. *Food Microbiology,* 28(2; Special Issue): 214–220.

Dalloul, R., Lillehoj, H., Shellem, T. & Doerr, J. 2003. Enhanced mucosal immunity against *Eimeria acervulina* in broilers fed a Lactobacillus-based probiotic. *Poultry Science,* 82(1): 62–66.

Damgaard, P.H., Granum, P.E., Bresciani, J., Torregrossa, M.V., Eilenberg, J. & Valentino, L. 1997. Characterization of *Bacillus thuringiensis* isolated from infections in burn wounds. *FEMS Immunological Medical Microbiology,* 18(1): 47–53.

Daskiran, M., Onol, A. G., Cengiz, O., Unsal, H., Turkyilmaz, S., Tatli, O. & Sevim, O. 2012. Influence of dietary probiotic inclusion on growth performance, blood parameters, and intestinal microflora of male broiler chickens exposed to posthatch holding time. *Journal of Applied Poultry Research,* 21(3): 612–622.

Davies, J. & Davies, D. 2010. Origins and evolution of antibiotic resistance. *Microbiology and Molecular Biology Reviews,* 74(3): 417–433.

Davis, M., Parrott, T., Brown, D., De Rodas, B., Johnson, Z., Maxwell, C. & Rehberger, T. 2008. Effect of a *Bacillus* based direct-fed microbial feed supplement on growth performance and pen cleaning characteristics of growing-finishing pigs. *Journal of Animal Science,* 86(6): 1459–1467.

Dawson, K., Newman, K. & Boling, J. 1990. Effects of microbial supplements containing yeast and lactobacilli on roughage-fed ruminal microbial activities. *Journal of Animal Science,* 68(10): 3392–3398.

De Groote, M.A., Frank, D.N., Dowell, E., Glode, M.P. & Pace, N.R. 2005. *Lactobacillus rhamnosus* GG bacteremia associated with probiotic use in a child with short gut syndrome. *Pediatric Infectious Disease Journal,* 24(3): 278–280.

Desnoyers, M., Giger-Reverdin, S., Bertin, G., Duvaux-Ponter, C. & Sauvant, D. 2009. Meta-analysis of the influence of *Saccharomyces cerevisiae* supplementation on ruminal parameters and milk production of ruminants. *Journal of Dairy Science,* 92(4): 1620–1632.

Devirgiliis, C., Coppola, D., Barile, S., Colonna, B. & Perozzi, G. 2009. Characterization of the Tn916 conjugative transposon in a food-borne strain of Lactobacillus paracasei. *Applied and Environmental Microbiology,* 75(12): 3866–3871.

Ding, G., Chang, Y., Zhao, L., Zhou, Z., Ren, L. & Meng, Q. 2014. Effect of *Saccharomyces cerevisiae* on alfalfa nutrient degradation characteristics and rumen microbial populations of steers fed diets with different concentrate-to-forage ratios. *Journal of Animal Science and Biotechnology,* 5(1): 24–32.

Dizaji, S.B. & Pirmohammadi, R. 2009. Effect of *Saccharomyces cerevisiae* and Bioplus 2B on performance of laying hens. *International Journal of Agricultural Biology,* 11(4): 495–497.

Doleyres, Y., Fliss, I. & Lacroix, C. 2004. Continuous production of mixed lactic starters containing probiotics using immobilized cell technology. *Biotechnology Progress*, 20(1): 145–150.

Doron, S. & Snydman, D.R. 2015. Risk and Safety of Probiotics. *Clinical Infectious Diseases,* 60(suppl. 2): S129–S134.

Duffield, T., Plaizier, J., Fairfield, A., Bagg, R., Vessie, G., Dick, P., Wilson, J., Aramini, J. & McBride, B. 2004. Comparison of techniques for measurement of rumen pH in lactating dairy cows. *Journal of Dairy Science,* 87(1): 59–66.

EFSA [European Food Safety Authority]. 2007. Opinion of the Scientific Committee on a request from EFSA on the introduction of a Qualified Presumption of Safety (QPS) approach for assessment of selected micro-organisms referred to EFSA. *The EFSA Journal,* 587: 1–16.

EFSA. 2008. Scientific Opinion of the Panel on Additives and Products or Substances used in Animal Feed (FEEDAP) on a request from the European Commission on the safety and efficacy of Ecobiol® (*Bacillus amyloliquefaciens*) as feed additive for chickens for fattening. *The EFSA Journal,* 773: 1–13.

EFSA FEEDAP Panel. 2016. Scientific opinion on the safety and efficacy of Probiomix B (*Lactobacillus plantarum* KKP/593/p and *Lactobacillus rhamnosus* KKP 825) as a feed additive for chickens for fattening. . *EFSA Journal,* 14(2): 11.

Ehui, S., Li-Pun, H., Mares, V. & Shapiro, B. 1998. The role of livestock in food security and environmental protection. *Outlook Agr.* 27: 81-88.

Elizondo, H. & Labuza, T. 1974. Death kinetics of yeast in spray drying. *Biotechnology and Bioengineering,* 16(9): 1245–1259.

European Commission. 2003. Regulation (EC) No 1831/2003 of the European parliament and of the council of 22 September 2003 on additives for use in animal nutrition. http://eur-lex.europa.eu/legal-content/EN/TXT/PDF/?uri=CELEX:32003R1831&from=EN Accessed 15 December 2014.

European Commission. 2008. Commission regulation (EC) No 429/2008 of 25 April 2008 on detailed rules for the implementation of Regulation (EC) No 1831/2003 of the European Parliament and of the Council as regards the preparation and the presentation of applications and the assessment and the authorisation of feed additives. http://eur-lex.europa.eu/LexUriServ/LexUriServ.do?uri=OJ:L:2008:133:0001:0065:en:PDF Accessed 15 December 2014.

Fairbrother, J.M., Nadeau, É. & Gyles, C.L. 2005. *Escherichia coli* in postweaning diarrhea in pigs: an update on bacterial types, pathogenesis, and prevention strategies. *Animal Health Research Reviews,* 6(01): 17–39.

Fajardo, P., Pastrana, L., Mendez, J., Rodriguez, I., Fucinos, C. & Guerra, N. P. 2012. Effects of feeding of two potentially probiotic preparations from lactic acid bacteria on the performance and faecal microflora of broiler chickens. *Scientific World Journal, Art. No. 562635.*

FAO [Food and Agriculture Organization of the United Nations]. 2014. Meat & Meat Products. http://www.fao.org/ag/againfo/themes/en/meat/home.html Accessed 18 December 2014.

FAO/WHO. 2001. *Health and nutritional properties of probiotics in food including powder milk with live lactic acid bacteria.* Food and Agriculture Organization of the United Nations.

FAO/WHO. 2002. Guidelines for the evaluation of probiotics in food. http://www.fda.gov/ohrms/dockets/dockets/95s0316/95s-0316-rpt0282-tab-03-ref-19-joint-faowho-vol219.pdf Accessed 15 April 2014.

Farrell, D. 2013. The role of poultry in human nutrition. http://www.fao.org/docrep/013/al709e/al709e00.pdf Accessed 10 April 2015.

Fayol-Messaoudi, D., Berger, C.N., Coconnier-Polter, M.-H., Lievin-Le Moal, V. & Servin, A.L. 2005. pH-, Lactic acid-, and non-lactic acid-dependent activities of probiotic Lactobacilli against *Salmonella enterica* Serovar Typhimurium. *Applied Environmental Microbiology,* 71(10): 6008–6013.

Feld, L., Bielak, E., Hammer, K. & Wilcks, A. 2009. Characterization of a small erythromycin resistance plasmid pLFE1 from the food-isolate *Lactobacillus plantarum* M345. *Plasmid,* 61(3): 159–170.

Fioramonti, J., Theodorou, V. & Bueno, L. 2003. Probiotics: what are they? What are their effects on gut physiology? *Best Practice & Research in Clinical Gastroenterology,* 17(5): 711–724.

Flint, J. & Garner, M. 2009. Feeding beneficial bacteria: A natural solution for increasing efficiency and decreasing pathogens in animal agriculture. *Journal of Applied Poultry Research,* 18(2): 367–378.

Flórez, A. B., Ammor, M. S., Álvarez-Martín, P., Margolles, A. & Mayo, B. 2006. Molecular analysis of tet (W) gene-mediated tetracycline resistance in dominant intestinal Bifidobacterium species from healthy humans. *Applied and Environmental Microbiology,* 72(11): 7377–7379.

Flynn, S., van Sinderen, D., Thornton, G.M., Holo, H., Nes, I.F. & Collins, J.K. 2002. Characterization of the genetic locus responsible for the production of ABP-118, a novel bacteriocin produced by the probiotic bacterium *Lactobacillus salivarius* subsp. *salivarius* UCC118. *Microbiology,* 148(4): 973–984.

Franz, C.M., Holzapfel, W.H. & Stiles, M.E. 1999. Enterococci at the crossroads of food safety? *International Journal of Food Microbiology,* 47(1): 1–24.

Franz, C.M., Huch, M., Abriouel, W.H., Holzapfel, W. & Gálvez, A. 2011. Enterococci as probiotics and their implications in food safety. *International Journal of Food Microbiology* 151(2): 125–140.

Franz, C. M., Stiles, M. E., Schleifer, K. H. & Holzapfel, W. H. 2003. Enterococci in foods—a conundrum for food safety. *International Journal of Food Microbiology* 88(2): 105–122.

Frizzo, L., Zbrun, M., Soto, L. & Signorini, M. 2011. Effects of probiotics on growth performance in young calves: A meta-analysis of randomized controlled trials. *Animal Feed Science and Technology,* 169(3): 147–156.

From, C., Pukall, R., Schumann, P., Hormazábal, V. & Granum, P.E. 2005. Toxin-producing ability among *Bacillus* spp. outside the *Bacillus cereus* group. *Applied and Environmental Microbiology,* 71(3): 1178–1183.

Fuller, R. 1989. Probiotics in man and animals. *Journal of Applied Bacteriology,* 66(5): 365–378.

Galdeano, C.M. & Perdigon, G. 2006. The probiotic bacterium *Lactobacillus casei* induces activation of the gut mucosal immune system through innate immunity. *Clinical Vaccine Immunology,* 13(2): 219–226.

Galina, M., Ortiz-Rubio, M., Delgado-Pertiñez, M. & Pineda, L. 2009. Goat kid's growth improvement with a lactic probiotic fed on a standard base diet. *Options Méditerranéennes. Série A, Séminaires Méditerranéens,* (85): 315–322.

Gallazzi, D., Giardini, A., Mangiagalli, M.G., Marelli, S., Ferrazzi, V., Orsi, C. & Cavalchini, L.G. 2009. Effects of *Lactobacillus acidophilus* D2/CSL on laying hen performance. *Italian Journal of Animal Science,* 7(1): 27–38.

Gangadharan, D., Sivaramakrishnan, S., Nampoothiri, K.M., Sukumaran, R.K. & Pandey, A. 2008. Response surface methodology for the optimization of alpha amylase production by *Bacillus amyloliquefaciens. Bioresource Technology,* 99(11): 4597–4602.

Gasser, F. 1994. Safety of lactic acid bacteria and their occurrence in human clinical infections. *Bulletin Institut Pasteur,* 92(1): 45–67.

Gfeller, K.Y., Roth, M., Meile, L. & Teuber, M. 2003. Sequence and genetic organization of the 19.3-kb erythromycin-and dalfopristin-resistance plasmid pLME300 from *Lactobacillus fermentum* ROT1. *Plasmid,* 50(3): 190–201.

Ghareeb, K., Awad, W., Mohnl, M., Porta, R., Biarnes, M., Böhm, J. & Schatzmayr, G. 2012. Evaluating the efficacy of an avian-specific probiotic to reduce the colonization of *Campylobacter jejuni* in broiler chickens. *Poultry Science,* 91(8): 1825–1832.

Ghazanfar, S., Anjum, M., Azim, A. & Ahmed, I. 2015. Effects of dietary supplementation of yeast (*Saccharomyces cerevisiae*) culture on growth performance, blood parameters, nutrient digestibility and fecal flora of dairy heifers. *Journal of Animal and Plant Science,* 25(1): 53–59.

Giannenas, I., Papadopoulos, E., Tsalie, E., Triantafillou, E., Henikl, S., Teichmann, K. & Tontis, D. 2012. Assessment of dietary supplementation with probiotics on performance, intestinal morphology and microflora of chickens infected with *Eimeria tenella. Veterinary Parasitology,* 188(1/2): 31–40.

Gibson, G.R., Probert, H.M., Van Loo, J., Rastall, R.A. & Roberfroid, M.B. 2004. Dietary modulation of the human colonic microbiota: updating the concept of prebiotics. *Nutrition Research Reviews,* 17(2): 259–275.

Göksungur, Y. & Güvenç, U. 1997. Batch and continuous production of lactic acid from beet molasses by *Lactobacillus delbrueckii* IFO 3202. *Journal of Chemical Technology and Biotechnology,* 69(4): 399–404.

González-Zorn, B. & Escudero, J. A. 2012. Ecology of antimicrobial resistance: humans, animals, food and environment. *International Microbiology,* 15(3): 101–109.

Gould, A., May, B. & Elliott, W. 1975. Release of extracellular enzymes from *Bacillus amyloliquefaciens. Journal of Bacteriology,* 122(1): 34–40.

Gozho, G., Plaizier, J., Krause, D., Kennedy, A. & Wittenberg, K. 2005. Subacute ruminal acidosis induces ruminal lipopolysaccharide endotoxin release and triggers an inflammatory response. *Journal of Dairy Science,* 88(4): 1399–1403.

Granum, P.E. & Lund, T. 1997. *Bacillus cereus* and its food poisoning toxins. *FEMS Microbiology Letters,* 157(2): 223–228.

Groschwitz, K.R. & Hogan, S.P. 2009. Intestinal barrier function: molecular regulation and disease pathogenesis. *Journal of Allergy and Clinical Immunology,* 124(1): 3–20.

Gryczan, T., Israeli-Reches, M., Del Bue, M. & Dubnau, D. 1984. DNA sequence and regulation of ermD, a macrolide-lincosamide-streptogramin B resistance element from *Bacillus licheniformis. Molecular and General Genetics,* 194(3): 349–356.

Guarner, F. & Schaafsma, G. 1998. Probiotics. *International Journal of Food Microbiology,* 39(3): 237–238.

Gueimonde, M., Sánchez, B., de los Reyes-Gavilán, C.G. & Margolles, A. 2013. Antibiotic resistance in probiotic bacteria. *Frontiers in Microbiology,* 4(202): 1–6.

Guo, X.H., Li, D.F., Lu, W. Q., Piao, X.S. & Chen, X.L. 2006. Screening of *Bacillus* strains as potential probiotics and subsequent confirmation of the *in vivo* effectiveness of *Bacillus subtilis* MA139 in pigs. *Antonie Van Leeuwenhoek International Journal of General and Molecular Microbiology,* 90(2): 139–146.

Haddadin, M., Abdulrahim, S., Hashlamoun, E. & Robinson, R. 1996. The effect of *Lactobacillus acidophilus* on the production and chemical composition of hen's eggs. *Poultry Science,* 75(4): 491–494.

Haghighi, H. R., Abdul-Careem, M. F., Dara, R. A., Chambers, J. R. & Sharif, S. 2008. Cytokine gene expression in chicken caecal tonsils following treatment with probiotics and *Salmonella* infection. *Veterinary Microbiology,* 126(1): 225–233.

Halliday, M.J., Padmanabha, J., McSweeney, C.S., Kerven, G. & Shelton, H.M. 2013. Leucaena toxicity: a new perspective on the most widely used forage tree legume. *Tropical Grasslands-Forrajes Tropicales,* 1(1): 1–11.

Harrison, G., Hemken, R., Dawson, K., Harmon, R. & Barker, K. 1988. Influence of addition of yeast culture supplement to diets of lactating cows on ruminal fermentation and microbial populations. *Journal of Dairy Science,* 71(11): 2967–2975.

Hashemzadeh, F., Rahimi, S., Torshizi, M.A.K. & Masoudi, A.A. 2013. Effects of probiotics and antibiotic supplementation on serum biochemistry and intestinal microflora in broiler chicks. *International Journal of Agriculture and Crop Sciences,* 5(20): 2394–2398.

Hassan, M., Kjos, M., Nes, I., Diep, D. & Lotfipour, F. 2012. Natural antimicrobial peptides from bacteria: characteristics and potential applications to fight against antibiotic resistance. *Journal of Applied Microbiology,* 113(4): 723–736.

Hassanein, S.M. & Soliman, N.K. 2010. Effect of probiotic (*Saccharomyces cerevisiae*) adding to diets on intestinal microflora and performance of Hy-Line layers hens. *Journal of American Science,* 6: 159–169.

Hayirli, A., Esenbuga, N., Macit, M., Yoruk, M., Yildiz, A. & Karaca, H. 2005. Nutrition practice to alleviate the adverse effects of stress on laying performance, metabolic profile and egg quality in peak producing hens: II. The probiotic supplementation. *Asian Australian Journal of Animal Sciences* 18(12): 1752.

Hempel, S., Newberry, S., Ruelaz, A., Wang, Z., Miles, J., Suttorp, M., Johnsen, B., Shanman, R., Slusser, W., Fu, N., Smith, A., Roth, E., Polak, J., Motala, A., Perry, T. & Shekelle, P. 2011. Safety of probiotics to reduce risk and prevent or treat disease. *Evidence Report/Technology Assessment No. 200. (Prepared by the Southern California Evidence-based Practice Center under Contract No. 290-2007-10062-I.) AHRQ Publication No. 11-E007. Rockville, MD: Agency for Healthcare Research and Quality.* Available at: http://www.ahrq.gov/clinic/tp/probiotictp.htm.

Herfel, T. M., Jacobi, S. K., Lin, X., Jouni, Z. E., Chichlowski, M., Stahl, C. H. & Odle, J. 2013. Dietary supplementation of *Bifidobacterium longum* strain AH1206 increases its cecal abundance and elevates intestinal interleukin-10 expression in the neonatal piglet. *Food Chemistry and Toxicology,* 60: 116–122.

Hermans, P. & Morgan, K. 2007. Prevalence and associated risk factors of necrotic enteritis on broiler farms in the United Kingdom; a cross-sectional survey. *Avian Pathology,* 36(1): 43–51.

Hernandez, E., Ramisse, F., Ducoureau, J.-P., Cruel, T. & Cavallo, J.-D. 1998. *Bacillus thuringiensis* subsp. *konkukian* (serotype H34) superinfection: case report and experimental evidence of pathogenicity in immunosuppressed mice. *Journal of Clinical Microbiology,* 36(7): 2138–2139.

Higginbotham, G. & Bath, D. 1993. Evaluation of *Lactobacillus* fermentation cultures in calf feeding systems. *Journal of Dairy Science,* 76(2): 615–620.

Hill, C., Guarner, F., Reid, G., Gibson, G. R., Merenstein, D. J., Pot, B., Morelli, L., Canani, R. B., Flint, H. J. & Salminen, S. 2014. Expert consensus document: The International Scientific Association for Probiotics and Prebiotics consensus statement on the scope and appropriate use of the term probiotic. *Nat. Rev. Gastroenterol. Hepatol.* 11(8): 506-514.

Hoffmann, D.E., Fraser-Liggett, C.M., Palumbo, F.B., Ravel, J., Rothenberg, K.H. & Rowthorn, V. 2013. Probiotics: Finding the right regulatory balance. http://digitalcommons.law.umaryland.edu/cgi/viewcontent.cgi?article=2401&context=fac_pubs Accessed 23 November 2014.

Hofvendahl, K. & Hahn–Hägerdal, B. 2000. Factors affecting the fermentative lactic acid production from renewable resources 1. *Enzyme and Microbial Technology,* 26(2-4): 87–107.

Hood, S. & Zoitola, E. 1988. Effect of low pH on the ability of *Lactobacillus acidophilus* to survive and adhere to human intestinal cells. *Journal of Food Science,* 53(5): 1514–1516.

Hooper, L.V., Wong, M.H., Thelin, A., Hansson, L., Falk, P.G. & Gordon, J.I. 2001. Molecular analysis of commensal host-microbial relationships in the intestine. *Science,* 291(5505): 881–884.

Hristov, A., Varga, G., Cassidy, T., Long, M., Heyler, K., Karnati, S., Corl, B., Hovde, C. & Yoon, I. 2010. Effect of *Saccharomyces cerevisiae* fermentation product on ruminal fermentation and nutrient utilization in dairy cows. *Journal of Dairy Science,* 93(2): 682–692.

Hudault, S., Liévin, V., Bernet-Camard, M.-F. & Servin, A.L. 1997. Antagonistic activity exerted *in vitro* and *in vivo* by *Lactobacillus casei* (strain GG) against *Salmonella typhimurium* C5 infection. *Applied Environmental Microbiology,* 63(2): 513–518.

Hughes, D.T. & Sperandio, V. 2008. Inter-kingdom signalling: communication between bacteria and their hosts. *Nature Reviews in Microbiology,* 6(2): 111–120.

Human Microbiome Project Consortium. 2012. Structure, function and diversity of the healthy human microbiome. *Nature,* 486(7402): 207–214.

Hung, A.T., Lin, S.-Y., Yang, T.-Y., Chou, C.-K., Liu, H.-C., Lu, J.-J., Wang, B., Chen, S.-Y. & Lien, T.-F. 2012. Effects of Bacillus coagulans ATCC 7050 on growth performance, intestinal morphology, and microflora composition in broiler chickens. *Animal Production Science,* 52(9): 874–879.

Huse, S.M., Ye, Y., Zhou, Y. & Fodor, A.A. 2012. A core human microbiome as viewed through 16S rRNA sequence clusters. *PloS One,* 7(6): e34242.

Husni, R.N., Gordon, S.M., Washington, J.A. & Longworth, D.L. 1997. *Lactobacillus bacteremia* and endocarditis: review of 45 cases. *Clinical Infectious Disease,* 25(5): 1048–1055.

Hyronimus, B., Le Marrec, C., Sassi, A.H. & Deschamps, A. 2000. Acid and bile tolerance of spore-forming lactic acid bacteria. *International Journal of Food Microbiol,* 61(2): 193–197.

Hyronimus, B., Le Marrec, C. & Urdaci, M. 1998. Coagulin, a bacteriocin-like-inhibitory substance produced by Bacillus coagulans I4. *Journal of Applied Microbiology,* 85(1): 42–50.

Jatkauskas, J. & Vrotniakiene, V. 2010. Effects of probiotic dietary supplementation on diarrhoea patterns, faecal microbiota and performance of early weaned calves. *Veterinarni Medicina,* 55(10): 494–503.

Javanainen, P. & Linko, Y.-Y. 1995. Lactic acid fermentation on barley flour without additional nutrients. *Biotechnology Techniques,* 9(8): 543–548.

Jayaraman, S., Thangavel, G., Kurian, H., Mani, R., Mukkalil, R. & Chirakkal, H. 2013. *Bacillus subtilis* PB6 improves intestinal health of broiler chickens challenged with *Clostridium perfringens*-induced necrotic enteritis. *Poultry Science,* 92(2): 370–374.

Jenke, A., Ruf, E.-M., Hoppe, T., Heldmann, M. & Wirth, S. 2011. Bifidobacterium septicaemia in an extremely low-birthweight infant under probiotic therapy. *Archives of Disease in Childhood-Fetal and Neonatal Edition,* 97(3): F217–F218.

Jin, L., Ho, Y., Abdullah, N., Ali, M. & Jalaludin, S. 1996. Antagonistic effects of intestinal *Lactobacillus* isolates on pathogens of chicken. *Letters in Applied Microbiology,* 23(2): 67–71.

Jin, L., Ho, Y., Abdullah, N. & Jalaludin, S. 2000. Digestive and bacterial enzyme activities in broilers fed diets supplemented with *Lactobacillus* cultures. *Poultry Science,* 79(6): 886–891.

Johnson-Henry, K.C., Hagen, K.E., Gordonpour, M., Tompkins, T.A. & Sherman, P.M. 2007. Surface-layer protein extracts from *Lactobacillus helveticus* inhibit enterohaemorrhagic *Escherichia coli* O157: H7 adhesion to epithelial cells. *Cellular Microbiology,* 9(2): 356–367.

Jones, R. & Megarrity, R. 1986. Successful transfer of DHP-degrading bacteria from Hawaiian goats to Australian ruminants to overcome the toxicity of Leucaena. *Australian Veterinary Journal,* 63(8): 259–262.

Jones, R., Coates, D. & Palmer, B. 2009. Survival of the rumen bacterium Synergistes jonesii in a herd of Droughtmaster cattle in north Queensland. *Animal Production Science,* 49(8): 643–645.

Kantas, D., Papatsiros, V., Tassis, P., Giavasis, I., Bouki, P. & Tzika, E. 2015. A feed additive containing *Bacillus toyonensis* (Toyocerin®) protects against enteric pathogens in postweaning piglets. *Journal of Applied Microbiology,* 118(3): 727–738.

Karmali, M.A., Gannon, V. & Sargeant, J.M. 2010. Verocytotoxin-producing *Escherichia coli* (VTEC). *Veterinary Microbiology,* 140(3): 360–370.

Kawai, Y., Ishii, Y., Arakawa, K., Uemura, K., Saitoh, B., Nishimura, J., Kitazawa, H., Yamazaki, Y., Tateno, Y. & Itoh, T. 2004. Structural and functional differences in two cyclic bacteriocins with the same sequences produced by lactobacilli. *Applied and Environmental Microbiology,* 70(5): 2906–2911.

Kawamura, S., Murakami, Y., Miyamoto, Y. & Kimura, K. 1995. Freeze-drying of yeasts. pp. 31–37, *in: Cryopreservation and Freeze-Drying Protocols.* Methods in Molecular Biology No. 38. Humana Press, New York, USA.

Kazimierczak, K.A., Flint, H.J. & Scott, K.P. 2006. Comparative analysis of sequences flanking tet (W) resistance genes in multiple species of gut bacteria. *Antimicrobial Agents and Chemotherapy,* 50(8): 2632–2639.

Kenny, M., Smidt, H., Mengheri, E. & Miller, B. 2011. Probiotics - do they have a role in the pig industry? *Animal,* 5(3): 462–470.

Khaksar, V., Golian, A. & Kermanshahi, H. 2012. Immune response and ileal microflora in broilers fed wheat-based diet with or without enzyme Endofeed W and supplementation of thyme essential oil or probiotic PrimaLac. *African Journal of Biotechnology,* 11(81): 14716–14723.

Klaenhammer, T. R. 1988. Bacteriocins of lactic acid bacteria. *Biochimie,* 70(3): 337–349.

Klieve, A., Hennessy, D., Ouwerkerk, D., Forster, R., Mackie, R. & Attwood, G. 2003. Establishing populations of *Megasphaera elsdenii* YE 34 and *Butyrivibrio fibrisolvens* YE 44 in the rumen of cattle fed high grain diets. *Journal of Applied Microbiology,* 95(3): 621–630.

Klieve, A., O'Leary, M., McMillen, L. & Ouwerkerk, D. 2007. *Ruminococcus bromii,* identification and isolation as a dominant community member in the rumen of cattle fed a barley diet. *Journal of Applied Microbiology,* 103(6): 2065–2073.

Klieve, A.V., McLennan, S.R. & Ouwerkerk, D. 2012. Persistence of orally administered *Megasphaera elsdenii* and *Ruminococcus bromii* in the rumen of beef cattle fed a high grain (barley) diet. *Animal Production Science,* 52(5): 297–304.

Knorr, D. 1998. Technology aspects related to micro-organisms in functional foods. *Trends in Food Science and Technology,* 9(8): 295–306.

Konstantinov, S. R., Smidt, H., Akkermans, A. D., Casini, L., Trevisi, P., Mazzoni, M., De Filippi, S., Bosi, P. & De Vos, W.M. 2008. Feeding of *Lactobacillus sobrius* reduces *Escherichia coli* F4 levels in the gut and promotes growth of infected piglets. *FEMS Microbiology Ecology* 66(3): 599–607.

Kotiranta, A., Lounatmaa, K. & Haapasalo, M. 2000. Epidemiology and pathogenesis of *Bacillus cereus* infections. *Microbial Infection,* 2(2): 189–198.

Krishnamoorthy, U. & Krishnappa, P. 1996. Effect of feeding yeast culture (Yea-sacc 1026) on rumen fermentation *in vitro* and production performance in crossbred dairy cows. *Animal Feed Science and Technology,* 57(3): 247–256.

Kritas, S., Alexopoulos, C., Papaioannou, D., Tzika, E., Georgakis, S. & Kyriakis, S. 2000. A dose titration study on the effect of a probiotic containing Bacillus licheniformis spores in starter-growing finishing feed, on health status, performance promoting activity and carcass quality of pigs. In: *Proceedings of the 16th International Pig Veterinary Society Congress, Melbourne, Australia.* p 20.

Kritas, S.K. & Morrison, R.B. 2005. Evaluation of probiotics as a substitute for antibiotics in a large pig nursery. *Veterinary Record,* 156(14): 447–448.

Kumar, K., Chaudhary, L., Agarwal, N. & Kamra, D. 2014. Effect of feeding tannin-degrading bacterial culture (*Streptococcus gallolyticus* strain TDGB 406) on nutrient utilization, urinary purine derivatives and growth performance of goats fed on *Quercus semicarpifolia* leaves. *Journal of Animal Physiology and Animal Nutrition,* 98(5): 879–885.

Kung, L. & Hession, A. 1995. Preventing *in vitro* lactate accumulation in ruminal fermentations by inoculation with *Megasphaera elsdenii. Journal of Animal Science,* 73(1): 250–256.

Kurtoglu, V., Kurtoglu, F., Seker, E., Coskun, B., Balevi, T. & Polat, E. 2004. Effect of probiotic supplementation on laying hen diets on yield performance and serum and egg yolk cholesterol. *Food Additves and Contamination,* 21(9): 817–823.

Kyriakis, S., Tsiloyiannis, V., Vlemmas, J., Sarris, K., Tsinas, A., Alexopoulos, C. & Jansegers, L. 1999. The effect of probiotic LSP 122 on the control of post-weaning diarrhoea syndrome of piglets. *Research in Veterinary Science,* 67(3): 223–228.

Lähteinen, T., Lindholm, A., Rinttilä, T., Junnikkala, S., Kant, R., Pietilä, T. E., Levonen, K., Von Ossowski, I., Solano-Aguilar, G. & Jakava-Viljanen, M. 2014. Effect of *Lactobacillus brevis* ATCC 8287 as a feeding supplement on the performance and immune function of piglets. *Veterinary Immunology and Immunopathology,* 158(1): 14–25.

Lamboley, L., Lacroix, C., Champagne, C. & Vuillemard, J. 1997. Continuous mixed strain mesophilic lactic starter production in supplemented whey permeate medium using immobilized cell technology. *Biotechnology and Bioengineering,* 56(5): 502–516.

Landy, N. & Kavyani, A. 2013. Effects of using a multi-strain probiotic on performance, immune responses and caecal microflora composition in broiler chickens reared under cyclic heat stress condition. *Iranian Journal of Applied Animal Science,* 3(4): 703–708.

Lata, J., Juránková, J., Doubek, J., Příbramská, V., Frič, P., Dítě, P., Kolář, M., Scheer, P. & Kosakova, D. 2006. Labelling and content evaluation of commercial veterinary probiotics. *Acta Veterinaria Brno,* 75(1): 139–144.

Laxminarayan, R., Duse, A., Wattal, C., Zaidi, A.K., Wertheim, H.F., Sumpradit, N., Vlieghe, E., Hara, G.L., Gould, I.M. & Goossens, H. 2013. Antibiotic resistance—the need for global solutions. *Lancet Infectious Disease,* 13(12): 1057–1098.

Le Bon, M., Davies, H.E., Glynn, C., Thompson, C., Madden, M., Wiseman, J., Dodd, C.E.R., Hurdidge, L., Payne, G., Le Treut, Y., Craigon, J., Totemeyer, S. & Mellits, K.H. 2010. Influence of probiotics on gut health in the weaned pig. *Livestock Science,* 133(1-3): 179–181.

Le Marrec, C., Hyronimus, B., Bressollier, P., Verneuil, B. & Urdaci, M.C. 2000. Biochemical and genetic characterization of coagulin, a new anti-listerial bacteriocin in the pediocin family of bacteriocins, produced by *Bacillus coagulans* I4. *Applied Environmental Microbiology,* 66(12): 5213–5220.

Le, O., Mcneill, D., Klieve, A., Dart, P., Ouwerkerk, D., Schofield, B. & Callaghan, M. 2014. Probiotic *Bacillus amyloliquefaciens* Strain H57 Improves the Performance of Pregnant and Lactating Ewes Fed a Diet Based on Palm Kernel Meal. *In: ISNH/ISRP International Conference,* Canberra, Australia.

Le, O., Dart, P., Harper, K., Zhang, D., Schofield, B., Callaghan, M., Lisle, A., Klieve, A. & McNeill, D. 2016. Effect of probiotic *Bacillus amyloliquefaciens* strain H57 on productivity and the incidence of diarrhoea in dairy calves. *Animal Production Science, in press.*

LeDoux, D., LaBombardi, V.J. & Karter, D. 2006. *Lactobacillus acidophilus* bacteraemia after use of a probiotic in a patient with AIDS and Hodgkin's disease. *International Journal of STD & AIDS,* 17(4): 280–282.

Lee, S., Lillehoj, H., Dalloul, R., Park, D., Hong, Y. & Lin, J. 2007. Influence of *Pediococcus*-based probiotic on coccidiosis in broiler chickens. *Poultry Science,* 86(1): 63–66.

Lee, Y.-J., Kim, B.-K., Lee, B.-H., Jo, K.-I., Lee, N.-K., Chung, C.-H., Lee, Y.-C. & Lee, J.-W. 2008. Purification and characterization of cellulase produced by *Bacillus amyoliquefaciens* DL-3 utilizing rice hull. *Bioresource Technology,* 99(2): 378–386.

Lei, X., Piao, X., Ru, Y., Zhang, H., Péron, A. & Zhang, H. 2015. Effect of *Bacillus amyloliquefaciens*-based direct-fed microbial on performance, nutrient utilization, intestinal morphology and cecal microflora in broiler chickens. *Asian-Australasian Journal of Animal Science,* 28(2): 239–246.

Lessard, M., Dupuis, M., Gagnon, N., Nadeau, E., Matte, J., Goulet, J. & Fairbrother, J. 2009. Administration of *Pediococcus acidilactici* or *Saccharomyces cerevisiae boulardii* modulates development of porcine mucosal immunity and reduces intestinal bacterial translocation after *Escherichia coli* challenge [Erratum: 2009 Oct., v. 87, no. 10, p. 3440.]. *Journal of Animal Science,* 87(3).

Lettat, A., Nozière, P., Silberberg, M., Morgavi, D.P., Berger, C. & Martin, C. 2012. Rumen microbial and fermentation characteristics are affected differently by bacterial probiotic supplementation during induced lactic and subacute acidosis in sheep. *BMC Microbiology,* 12(1): 142.

Li, J., Li, D., Gong, L., Ma, Y., He, Y. & Zhai, H. 2006. Effects of live yeast on the performance, nutrient digestibility, gastro-intestinal microbiota and concentration of volatile fatty acids in weanling pigs. *Archives of Animal Nutrition,* 60(4): 277–288.

Li, L.L., Hou, Z.P., Li, T.J., Wu, G.Y., Huang, R.L., Tang, Z.R., Yang, C.B., Gong, J., Yu, H. & Kong, X.F. 2008. Effects of dietary probiotic supplementation on ileal digestibility of nutrients and growth performance in 1- to 42-day-old broilers. *Journal of the Science of Food and Agriculture,* 88(1): 35–42.

Lilly, D.M. & Stillwell, R.H. 1965. Probiotics: growth-promoting factors produced by micro-organisms. *Science,* 147(3659): 747–748.

Lin, C.-F., Fung, Z.-F., Wu, C.-L. & Chung, T.-C. 1996. Molecular characterization of a plasmid-borne (pTC82) chloramphenicol resistance determinant (cat-TC) from *Lactobacillus reuteri* G4. *Plasmid,* 36(2): 116–124.

Little, S.F. & Ivins, B.E. 1999. Molecular pathogenesis of *Bacillus anthracis* infection. *Microbial Infection,* 1(2): 131–139.

Llopis, M., Antolin, M., Guarner, F., Salas, A. & Malagelada, J. 2005. Mucosal colonisation with *Lactobacillus casei* mitigates barrier injury induced by exposure to trinitronbenzene sulphonic acid. *Gut,* 54(7): 955–959.

Lloyd, A., Cumming, R. & Kent, R. 1977. Prevention of *Salmonella typhimurium* infection in poultry by pretreatment of chickens and poults with intestinal extracts. *Australian Veterinary Journal,* 53(2): 82–87.

Lodemann, U. 2010. Effects of Probiotics on Intestinal Transport and Epithelial Barrier Function. pp. 303 *et seq. in: Bioactive Foods in Promoting Health: Probiotics and Prebiotics*. Academic Press, Waltham, USA.

Mahdavi, A., Rahmani, H. & Pourreza, J. 2005. Effect of probiotic supplements on egg quality and laying hen's performance. *International Journal of Poultry Science,* 4(4): 488–492.

Mao, Y., Nobaek, S., Kasravi, B., Adawi, D., Stenram, U., Molin, G. & Jeppsson, B. 1996. The effects of Lactobacillus strains and oat fiber on methotrexate-induced enterocolitis in rats. *Gastroenterology,* 111(2): 334–344.

Marden, J., Julien, C., Monteils, V., Auclair, E., Moncoulon, R. & Bayourthe, C. 2008. How does live yeast differ from sodium bicarbonate to stabilize ruminal pH in high-yielding dairy cows? *Journal of Dairy Science,* 91(9): 3528–3535.

Marteau, P. 2001. Safety aspects of probiotic products. *Scandinavian Journal of Nutrition,* 45: 22–24.

Mason, J.M. & Setlow, P. 1986. Essential role of small, acid-soluble spore proteins in resistance of Bacillus subtilis spores to UV light. *Journal of Bacteriology,* 167(1): 174–178.

Masters, K. 1972. *Spray drying.* Leonard Hill Books, London, UK.

Mathew, A., Chattin, S., Robbins, C. & Golden, D. 1998. Effects of a direct-fed yeast culture on enteric microbial populations, fermentation acids, and performance of weanling pigs. *Journal of Animal Science,* 76(8): 2138–2145.

Mathur, S. & Singh, R. 2005. Antibiotic resistance in food lactic acid bacteria—a review. *International Journal of Food Microbiology,* 105(3): 281–295.

Mazur, P. 1976. Role of intracellular freezing in the death of cells cooled at supra-optimal rates. [Preservation of erythrocytes, bone marrow cells, and yeasts by freezing]. Annual meeting of the Society for Cryobioligy. Oak Ridge National Lab., USA. Arlington, VA, USA.

McDevitt, R., Brooker, J., Acamovic, T. & Sparks, N. 2006. Necrotic enteritis; a continuing challenge for the poultry industry. *World Poultry Science Journal,* 62(02): 221–247.

McNeill, D., Le, O., Schofield, B., Dart, P., Callaghan, M., Lisle, A., Ouwerkerk, D. & Klieve, A. 2016. Production responses of reproducing ewes to a byproduct-based diet inoculated with the probiotic *Bacillus amyloliquefaciens* strain H57. *Animal Production Science,* in press.

Medellin-Peña, M.J., Wang, H., Johnson, R., Anand, S. & Griffiths, M.W. 2007. Probiotics affect virulence-related gene expression in *Escherichia coli* O157: H7. *Applied and Environmental Microbiology,* 73(13): 4259–4267.

Meng, Q., Yan, L., Ao, X., Zhou, T., Wang, J., Lee, J. & Kim, I. 2010. Influence of probiotics in different energy and nutrient density diets on growth performance, nutrient digestibility, meat quality, and blood characteristics in growing-finishing pigs. *Journal of Animal Science,* 88(10): 3320–3326.

Meng, X., Stanton, C., Fitzgerald, G., Daly, C. & Ross, R. 2008. Anhydrobiotics: The challenges of drying probiotic cultures. *Food Chemistry,* 106(4): 1406–1416.

Mikulski, D., Jankowski, J., Naczmanski, J., Mikulska, M. & Demey, V. 2012. Effects of dietary probiotic (*Pediococcus acidilactici*) supplementation on performance, nutrient digestibility, egg traits, egg yolk cholesterol, and fatty acid profile in laying hens. *Poultry Science,* 91(10): 2691–2700.

Miller, M.B. & Bassler, B.L. 2001. Quorum sensing in bacteria. *Annual Review of Microbiology,* 55(1): 165–199.

Mir, Z. & Mir, P. 1994. Effect of the addition of live yeast (*Saccharomyces cerevisiae*) on growth and carcass quality of steers fed high-forage or high-grain diets and on feed digestibility and *in situ* degradability. *Journal of Animal Science,* 72(3): 537–545.

Mishra, V. & Prasad, D. 2005. Application of *in vitro* methods for selection of *Lactobacillus casei* strains as potential probiotics. *International Journal of Food Microbiology,* 103(1): 109–115.

Moloney, A. & Drennan, M. 1994. The influence of the basal diet on the effects of yeast culture on ruminal fermentation and digestibility in steers. *Animal Feed Science and Technology,* 50(1): 55–73.

Monod, M., DeNoya, C. & Dubnau, D. 1986. Sequence and properties of pIM13, a macrolide-lincosamide-streptogramin B resistance plasmid from *Bacillus subtilis. Journal of Bacteriology,* 167(1): 138–147.

Montelongo, J.L., Chassy, B.M. & Mccord, J.D. 1993. *Lactobacillus salivarius* for conversion of soy molasses into lactic acid. *Journal of Food Science,* 58(4): 863–866.

Mookiah, S., Sieo, C. C., Ramasamy, K., Abdullah, N. & Ho, Y. W. 2014. Effects of dietary prebiotics, probiotic and synbiotics on performance, caecal bacterial populations and caecal fermentation concentrations of broiler chickens. *Journal of the Science of Food and Agriculture,* 94(2): 341348.

Morishita, T. Y., Aye, P.P., Harr, B.S., Cobb, C.W. & Clifford, J.R. 1997. Evaluation of an avian-specific probiotic to reduce the colonization and shedding of *Campylobacter jejuni* in broilers. *Avian Diseases,* 41(4): 850–855.

Morrison, D., Woodford, N. & Cookson, B. 1997. Enterococci as emerging pathogens of humans. *Journal of Applied Microbiology,* 83(S1): 89S–99S.

Morschhäuser, J. 2010. Regulation of multidrug resistance in pathogenic fungi. *Fungal Genetics and Biology,* 47(2): 94–106.

Mountzouris, K. C., Tsirtsikos, P., Kalamara, E., Nitsch, S., Schatzmayr, G. & Fegeros, K. 2007. Evaluation of the efficacy of a probiotic containing Lactobacillus, Bifidobacterium, Enterococcus, and Pediococcus strains in promoting broiler performance and modulating cecal microflora composition and metabolic activities. *Poultry Science,* 86(2): 309–317.

Mountzouris, K. C., Balaskas, C., Xanthakos, I., Tzivinikou, A. & Fegeros, K. 2009. Effects of a multi-species probiotic on biomarkers of competitive exclusion efficacy in broilers challenged with Salmonella enteritidis. *British Poultry Science,* 50(4): 467–478.

Mountzouris, K., Tsitrsikos, P., Palamidi, I., Arvaniti, A., Mohnl, M., Schatzmayr, G. & Fegeros, K. 2010. Effects of probiotic inclusion levels in broiler nutrition on growth performance, nutrient digestibility, plasma immunoglobulins, and cecal microflora composition. *Poultry Science,* 89(1): 58–67.

Mpofu, I. D. & Ndlovu, L. 1994. The potential of yeast and natural fungi for enhancing fibre digestibility of forages and roughages. *Animal Feed Science and Technology,* 48(1): 39–47.

Mullany, P., Wilks, M., Lamb, I., Clayton, C., Wren, B. & Tabaqchali, S. 1990. Genetic analysis of a tetracycline resistance element from *Clostridium difficile* and its conjugal transfer to and from *Bacillus subtilis. Journal of General Microbiology,* 136(7): 1343–1349.

Muller, J.A., Ross, R.P., Fitzgerald, G.F. & Stanton, C. 2009. Manufacture of probiotic bacteria. pp. 725–759, *in:* D. Charalampopoulos and R.A. Rastall (eds.). *Prebiotics and probiotics science and technology. Vol. 2.* Springer Science + Business Media.

Nawaz, M., Wang, J., Zhou, A., Ma, C., Wu, X., Moore, J. E., Millar, B. C. & Xu, J. 2011. Characterization and transfer of antibiotic resistance in lactic acid bacteria from fermented food products. *Current Microbiology,* 62(3): 1081–1089.

Nes, I.F., Diep, D.B., Håvarstein, L.S., Brurberg, M.B., Eijsink, V. & Holo, H. 1996. Biosynthesis of bacteriocins in lactic acid bacteria. *Antonie Van Leeuwenhoek* 70(2-4): 113–128.

Newbold, C. 1996. Probiotics for ruminants. *Annals of Zootechnology,* 45 (Suppl. 1): 329–335.

Niba, A., Beal, J., Kudi, A. & Brooks, P. 2009. Bacterial fermentation in the gastro-intestinal tract of non-ruminants: influence of fermented feeds and fermentable carbohydrates. *Tropical Animal Health and Production,* 41(7): 1393–1407.

Nicholson, W.L., Munakata, N., Horneck, G., Melosh, H.J. & Setlow, P. 2000. Resistance of *Bacillus endospores* to extreme terrestrial and extraterrestrial environments. *Microbiology and Molecular Biology Reviews,* 64(3): 548–572.

Nocek, J. & Kautz, W. 2006. Direct-fed microbial supplementation on ruminal digestion, health, and performance of pre-and postpartum dairy cattle. *Journal of Dairy Sciience,* 89(1): 260–266.

Nurmi, E. & Rantala, M. 1973. New aspects of Salmonella infection in broiler production. *Nature,* 241: 210–211.

Ohishi, A., Takahashi, S., Ito, Y., Ohishi, Y., Tsukamoto, K., Nanba, Y., Ito, N., Kakiuchi, S., Saitoh, A. & Morotomi, M. 2010. Bifidobacterium septicemia associated with postoperative probiotic therapy in a neonate with omphalocele. *Journal of Pediatrics,* 156(4): 679–681.

Ohland, C.L. & MacNaughton, W.K. 2010. Probiotic bacteria and intestinal epithelial barrier function. *American Journal of Physiology-Gastrointestinal and Liver Physiology,* 298(6): G807–G819.

Ohya, T., Marubashi, T. & Ito, H. 2000. Significance of fecal volatile fatty acids in shedding of Escherichia coli O157 from calves: experimental infection and preliminary use of a probiotic –product. *Journal of Veterinary Medical Science*, 62(11): 1151–1155.

Ongena, M. & Jacques, P. 2008. Bacillus lipopeptides: versatile weapons for plant disease bio-control. *Trends in Microbiology*, 16(3): 115–125.

Ortiz, A., Yañez, P., Gracia, M., Mallo, J., Sa, N., León, H. & Imasde Agroalimentaria. 2013. Effect of probiotic Ecobiol on broiler performance. *In*: B. Werner & World's Poultry Science Association (eds.) 19th European Symposium on Poultry Nutrition (ESPN), Potsdam, Germany, 26–29 August 2013. World's Poultry Science Association, Potsdam, Germany.

Owens, F., Secrist, D., Hill, W. & Gill, D. 1998. Acidosis in Cattle: A Review1. *Journal of Animal Science*, 76: 275–286.

Øyaas, J., Storrø, I. & Levine, D. 1996. Uptake of lactose and continuous lactic acid fermentation by entrapped non-growing *Lactobacillus helveticus* in whey permeate. *Applied Microbiology and Biotechnology*, 46(3): 240–249.

Pagnini, C., Saeed, R., Bamias, G., Arseneau, K.O., Pizarro, T.T. & Cominelli, F. 2010. Probiotics promote gut health through stimulation of epithelial innate immunity. *Proceedings of the National Academy of Science of the United States of America*, 107(1): 454–459.

Panda, A., Reddy, M., Rao, S. R. & Praharaj, N. 2003. Production performance, serum/yolk cholesterol and immune competence of white leghorn layers as influenced by dietary supplementation with probiotic. *Tropical Animal Health and Production*, 35(1): 85–94.

Parker, R. 1974. Probiotics, the other half of the antibiotic story. *Animal Nutrition and Health*, 29(4): 8.

Parkinson, T.J., Merrall, M. & Fenwick, S.G. 1999. A case of bovine mastitis caused by *Bacillus* **cereus. New Zealand Veterinary Journal, 47(4): 151–152.**

Pavan, S., Desreumaux, P. & Mercenier, A. 2003. Use of mouse models to evaluate the persistence, safety, and immune modulation capacities of lactic acid bacteria. *Clinical and Diagnostic Laboratory Immunology*, 10(4): 696–701.

Pedroso, A.A., Hurley-Bacon, A.L., Zedek, A.S., Kwan, T.W., Jordan, A.P.O., Avellaneda, G., Hofacre, C.L., Oakley, B.B., Collett, S.R., Maurer, J.J. & Lee, M.D. 2013. Can probiotics improve the environmental microbiome and resistome of commercial poultry production? *International Journal of Environmental Research and Public Health*, 10(10): 4534–4559.

Pendleton, B. 1998. The regulatory environment. *Direct-Fed Microbial, Enzyme and Forage Additive Compendium. The Miller Publishing Company, Minnetonka, Minessota* 4: 47–52.

Peterson, L.W. & Artis, D. 2014. Intestinal epithelial cells: regulators of barrier function and immune homeostasis. *Nature Reviews in Immunology*, 14(3): 141–153.

Pfaller, M. & Diekema, D. 2004. Rare and emerging opportunistic fungal pathogens: concern for resistance beyond *Candida albicans* and *Aspergillus fumigatus*. *Journal of Clinical Microbiology*, 42(10): 4419–4431.

Phelan, R.W., Clarke, C., Morrissey, J.P., Dobson, A.D., O'Gara, F. & Barbosa, T.M. 2011. Tetracycline resistance-encoding plasmid from *Bacillus* sp. strain# 24, isolated from the marine sponge *Haliclona simulans*. *Applied and Environmental Microbiology*, 77(1): 327–329.

Pieper, R., Janczyk, P., Urubschurov, V., Korn, U., Pieper, B. & Souffrant, W. 2009. Effect of a single oral administration of *Lactobacillus plantarum* DSMZ 8862/8866 before and at the time point of weaning on intestinal microbial communities in piglets. *International Journal of Food Microbiology*, 130(3): 227–232.

Plaizier, J., Krause, D., Gozho, G. & McBride, B. 2008. Subacute ruminal acidosis in dairy cows: The physiological causes, incidence and consequences. *Veterinary Journal,* 176(1): 21–31.

Poppy, G., Rabiee, A., Lean, I., Sanchez, W., Dorton, K. & Morley, P. 2012. A meta-analysis of the effects of feeding yeast culture produced by anaerobic fermentation of *Saccharomyces cerevisiae* on milk production of lactating dairy cows. *Journal of Dairy Science,* 95(10): 6027–6041.

Prabhu, R., Altman, E. & Eiteman, M. A. 2012. Lactate and acrylate metabolism by *Megasphaera elsdenii* under batch and steady-state conditions. *Applied and Environmental Microbiology,* 78(24): 8564–8570.

Pratchett, D., Jones, R. & Syrch, F. 1991. Use of DHP-degrading rumen bacteria to overcome toxicity in cattle grazing irrigated leucaena pasture. *Tropical Grasslands,* 25: 268–274.

Rahman, M., Mustari, A., Salauddin, M. & Rahman, M. 2013. Effects of probiotics and enzymes on growth performance and haematobiochemical parameters in broilers. *Journal of the Bangladesh Agricultural University,* 11(1): 111–118.

Rakotozafy, H., Louka, N., Therisod, M., Therisod, H. & Allaf, K. 2000. Drying of baker's yeast by a new method: Dehydration by Successive Pressure Drops (DDS). Effect on cell survival and enzymatic activities. *Drying Technology,* 18(10): 2253–2271.

Randolph, T., Schelling, E., Grace, D., Nicholson, C.F., Leroy, J., Cole, D., Demment, M., Omore, A., Zinsstag, J. & Ruel, M. 2007. Role of livestock in human nutrition and health for poverty reduction in developing countries. *Journal of Animal Science,* 85(11): 2788–2800.

Rapp, C., Jung, G., Katzer, W. & Loeffler, W. 1988. Chlorotetain from *Bacillus subtilis,* an antifungal dipeptide with an unusual chlorine-containing amino acid. Angewandte Chemie-International Edition in English, 27(12): 1733–1734.

Rautio, M., Jousimies-Somer, H., Kauma, H., Pietarinen, I., Saxelin, M., Tynkkynen, S. & Koskela, M. 1999. Liver abscess due to a *Lactobacillus rhamnosus* strain indistinguishable from *L. rhamnosus* strain GG. *Clinical Infectios Disease,* 28(5): 1159–1160.

Raymond, B., Johnston, P.R., Nielsen-LeRoux, C., Lereclus, D. & Crickmore, N. 2010. *Bacillus thuringiensis*: an impotent pathogen? *Trends in Microbiology,* 18(5): 189–194.

Rea, M.C., Clayton, E., O'Connor, P.M., Shanahan, F., Kiely, B., Ross, R.P. & Hill, C. 2007. Antimicrobial activity of lacticin 3147 against clinical *Clostridium difficile* strains. *Journal of Medical Microbiology,* 56(7): 940–946.

Riddell, J., Gallegos, A., Harmon, D. & McLeod, K. 2010. Addition of a Bacillus based probiotic to the diet of pre-ruminant calves: Influence on growth, health, and blood parameters. *Journal of Applied Research in Veterinary Medicine,* 8(1): 78–85.

Roa, M., Bárcena-Gama, J., Gonziilez, S., Mendoza, G., Ortega, M. & Garcia, C. 1997. Effect of fiber source and a yeast culture (*Saccharomyces cerevisiae* 1026) on digestion and the environment in the rumen of cattle. *Animal Feed Science and Technology,* 64(2): 327–336.

Roberts, A.P., Pratten, J., Wilson, M. & Mullany, P. 1999. Transfer of a conjugative transposon, Tn5397 in a model oral biofilm. *FEMS Microbiology Letters,* 177(1): 63–66.

Rodrigues, L., Teixeira, J. & Oliveira, R. 2006. Low-cost fermentative medium for biosurfactant production by probiotic bacteria. *Biochemical Engineering Journal,* 32(3): 135–142.

Roselli, M., Finamore, A., Britti, M.S., Konstantinov, S.R., Smidt, H., de Vos, W.M. & Mengheri, E. 2007. The novel porcine *Lactobacillus sobrius* strain protects intestinal cells from enterotoxigenic *Escherichia coli* K88 infection and prevents membrane barrier damage. *Journal of Nutrition,* 137(12): 2709–2716.

Ross, G.R., Gusils, C., Oliszewski, R., De Holgado, S.C. & González, S.N. 2010. Effects of probiotic administration in swine. *Journal of Bioscience and Bioengineering,* 109(6): 545–549.

Russell, J. B. & Wilson, D. B. 1996. Why are ruminal cellulolytic bacteria unable to digest cellulose at low pH? *Journal of Dairy Science,* 79(8): 1503–1509.

Salma, U., Miah, A., Tareq, K., Maki, T. & Tsujii, H. 2007. Effect of dietary *Rhodobacter capsulatus* on egg-yolk cholesterol and laying hen performance. *Poultry Science,* 86(4): 714–719.

Salminen, M. K., Tynkkynen, S., Rautelin, H., Saxelin, M., Vaara, M., Ruutu, P., Sarna, S., Valtonen, V. & Järvinen, A. 2002. *Lactobacillus* bacteremia during a rapid increase in probiotic use of *Lactobacillus rhamnosus* GG in Finland. *Clinical Infectious Disease,* 35(10): 1155–1160.

Samli, H., Dezcan, S., Koc, F., Ozduven, M., Okur, A.A. & Senkoylu, N. 2010. Effects of *Enterococcus faecium* supplementation and floor type on performance, morphology of erythrocytes and intestinal microbiota in broiler chickens. *British Poultry Science,* 51(4): 564–568.

Sanders, M. E., Akkermans, L., Haller, D., Hammerman, C., Heimbach, J., Hörmannsperger, G., Huys, G., Levy, D. D., Lutgendorff, F. & Mack, D. 2010. Safety assessment of probiotics for human use. *Gut Microbes,* 1(3): 1–22.

Sansoucy, R., Jabbar, M., Ehui, S. & Fitzhugh, H. 1995. Keynote Paper: The contribution of livestock to food security and sustainable development. Livestock development strategies for low income countries - Proceedings of the joint FAO/ILRI roundtable on livestock development strategies for low income countries. International Livestock Research Institute, Addis Ababa, Ethiopia.

Santagati, M., Campanile, F. & Stefani, S. 2012. Genomic diversification of enterococci in hosts: the role of the mobilome. *Frontiers in Microbiology,* 3: Art. no. 95.

Sargeant, J., Amezcua, M., Rajic, A. & Waddell, L. 2007. Pre-harvest interventions to reduce the shedding of *E. coli* O157 in the faeces of weaned domestic ruminants: a systematic review. *Zoonoses and Public Health,* 54(6-7): 260–277.

Sartor, R.B. 2006. Mechanisms of disease: pathogenesis of Crohn's disease and ulcerative colitis. *Nature Clinical Practice Gastroenterology & Hepatology,* 3(7): 390–407.

Sato, K., Takahashi, K., Tohno, M., Miura, Y., Kamada, T., Ikegami, S. & Kitazawa, H. 2009. Immunomodulation in gut-associated lymphoid tissue of neonatal chicks by immunobiotic diets. *Poultry Science,* 88(12): 2532–2538.

Saxelin, M., Chuang, N.-H., Chassy, B., Rautelin, H., Mäkelä, P.H., Salminen, S. & Gorbach, S.L. 1996. Lactobacilli and bacteremia in southern Finland, 1989–1992. *Clinical and Infectious Disease,* 22(3): 564–566.

Scharek, L., Guth, J., Reiter, K., Weyrauch, K., Taras, D., Schwerk, P., Schierack, P., Schmidt, M., Wieler, L. & Tedin, K. 2005. Influence of a probiotic *Enterococcus faecium* strain on development of the immune system of sows and piglets. *Veterinary Immunology and Immunopathology,* 105(1): 151–161.

Scharek, L., Altherr, B., Tölke, C. & Schmidt, M. 2007. Influence of the probiotic *Bacillus cereus* var. *toyoi* on the intestinal immunity of piglets. *Veterinary Immunology and Immunopathology,* 120(3): 136–147.

Schoeni, J.L. & Lee Wong, A.C. 2005. *Bacillus cereus* food poisoning and its toxins. *Journal of Food Protection,* 68(3): 636–648.

Sengupta, S., Chattopadhyay, M.K. & Grossart, H.-P. 2013. The multifaceted roles of antibiotics and antibiotic resistance in nature. *Frontiers in Microbiology,* 4(47).

Seo, J. K., Kim, S.-W., Kim, M. H., Upadhaya, S. D., Kam, D. K. & Ha, J. K. 2010. Direct-fed microbials for ruminant animals. *Asian-Australasian Journal of Animal Science,* 23(12): 1657–1667.

Setlow, P. 2006. Spores of *Bacillus subtilis*: their resistance to and killing by radiation, heat and chemicals. *Journal of Applied Microbiology,* 101(3): 514-525.

Shanahan, F. 2012. A commentary on the safety of probiotics. *Gastroenterology Clinics of North America,* 41(4): 869-+

Shim, Y., Ingale, S., Kim, J., Kim, K., Seo, D., Lee, S., Chae, B. & Kwon, I. 2012. A multi-microbe probiotic formulation processed at low and high drying temperatures: effects on growth performance, nutrient retention and caecal microbiology of broilers. *British Poultry Science,* 53(4): 482–490.

Shortt, C. 1999. The probiotic century: historical and current perspectives. *Trends in Food Science and Technology,* 10(12): 411–417.

Shrago, A., Chassy, B. & Dobrogosz, W. 1986. Conjugal plasmid transfer (pAM beta 1) in Lactobacillus plantarum. *Applied and Environmental Microbiology,* 52(3): 574–576.

Siepert, B., Reinhardt, N., Kreuzer, S., Bondzio, A., Twardziok, S., Brockmann, G., Nöckler, K., Szabó, I., Janczyk, P. & Pieper, R. 2014. *Enterococcus faecium* NCIMB 10415 supplementation affects intestinal immune-associated gene expression in post-weaning piglets. *Veterinary Immunology and Immunopathology,* 157(1): 65–77.

Singer, R.S., Finch, R., Wegener, H. C., Bywater, R., Walters, J. & Lipsitch, M. 2003. Antibiotic resistance—the interplay between antibiotic use in animals and human beings. *Lancet Infectious Diseases,* 3(1): 47–51.

Skinner, J.T., Bauer, S., Young, V., Pauling, G. & Wilson, J. 2010. An economic analysis of the impact of subclinical (mild) necrotic enteritis in broiler chickens. *Avian Disease,* 54(4): 1237–1240.

Smith, J., Sones, K., Grace, D., MacMillan, S., Tarawali, S. & Herrero, M. 2013. Beyond milk, meat, and eggs: Role of livestock in food and nutrition security. *Animal Frontiers,* 3(1): 6–13.

Snoeyenbos, G., Weinack, O. M. & Smyser, C. 1979. Further studies on competitive exclusion for controlling salmonellae in chickens. *Avian Disease,* 23(4): 904–914.

Soleman, N., Laferl, H., Kneifel, W., Tucek, G., Budschedl, E., Weber, H., Pichler, H. & Mayer, H.K. 2003. How safe is safe?-a case of *Lactobacillus paracasei* ssp. *paracasei* endocarditis and discussion of the safety of lactic acid bacteria. *Scandinavian Journal of Infectious Disease,* 35(10): 759–762.

Spera, R.V. & Farber, B.F. 1992. Multiple-resistant *Enterococcus faecium*: the nosocomial pathogen of the 1990s. *Journal of the American Medical Association,* 268(18): 2563–2564.

Stella, A., Paratte, R., Valnegri, L., Cigalino, G., Soncini, G., Chevaux, E., Dell'Orto, V. & Savoini, G. 2007. Effect of administration of live *Saccharomyces cerevisiae* on milk production, milk composition, blood metabolites, and faecal flora in early lactating dairy goats. *Small Ruminant Research,* 67(1): 7–13.

Strompfova, V., Marciňáková, M., Simonová, M., Gancarčíková, S., Jonecová, Z., Scirankoivá, Ľ., Koščová, J., Buleca, V., Čobanová, K. & Lauková, A. 2006. Enterococcus faecium EK13—an enterocin a-producing strain with probiotic character and its effect in piglets. *Anaerobe,* 12(5): 242–248.

Sun, L., Lu, Z., Bie, X., Lu, F. & Yang, S. 2006. Isolation and characterization of a co-producer of fengycins and surfactins, endophytic *Bacillus amyloliquefaciens* ES-2, from *Scutellaria baicalensis* Georgi. *World Journal of Microbial Biotechnology,* 22(12): 1259–1266.

Szabó, I., Wieler, L.H., Tedin, K., Scharek-Tedin, L., Taras, D., Hensel, A., Appel, B. & Nöck-ler, K. 2009. Influence of a probiotic strain of *Enterococcus faecium* on *Salmonella enterica* serovar Typhimurium DT104 infection in a porcine animal infection model. *Applied and Environmental Microbiology,* 75(9): 2621–2628.

Tam, N.K., Uyen, N.Q., Hong, H.A., Duc, L.H., Hoa, T.T., Serra, C.R., Henriques, A.O. & Cutting, S.M. 2006. The intestinal life cycle of *Bacillus subtilis* and close relatives. *Journal of Bacteriology,* 188(7): 2692–2700.

Tannock, G.W. 1987. Conjugal transfer of plasmid pAM beta 1 in *Lactobacillus reuteri* and between lactobacilli and *Enterococcus faecalis. Applied and Environmental Microbiology,* 53(11): 2693–2695.

Tannock, G.W., Luchansky, J.B., Miller, L., Connell, H., Thode-Andersen, S., Mercer, A.A. & Klaenhammer, T.R. 1994. Molecular characterization of a plasmid-borne (pGT633) erythromycin resistance determinant (ermGT) from *Lactobacillus reuteri* 100-63. *Plasmid,* 31(1): 60–71.

Taras, D., Vahjen, W., Macha, M. & Simon, O. 2005. Response of performance characteristics and faecal consistency to long-lasting dietary supplementation with the probiotic strain *Bacillus cereus* var. *toyoi* to sows and piglets. *Archives of Animal Nutrition,* 59(6): 405–417.

Taras, D., Vahjen, W., Macha, M. & Simon, O. 2006. Performance, diarrhoea incidence, and occurrence of virulence genes during long-term administration of a probiotic strain to sows and piglets. *Journal of Animal Science,* 84(3): 608–617.

Tellez, G., Pixley, C., Wolfenden, R.E., Layton, S.L. & Hargis, B.M. 2012. Probiotics/direct fed microbials for Salmonella control in poultry. *Food Research International,* 45(2): 628–633.

Teo, A.Y.-L. & Tan, H.-M. 2005. Inhibition of *Clostridium perfringens* by a novel strain of *Bacillus subtilis* isolated from the gastro-intestinal tracts of healthy chickens. *Applied Environmental Microbiology,* 71(8): 4185–4190.

Thrune, M., Bach, A., Ruiz-Moreno, M., Stern, M. & Linn, J. 2009. Effects of *Saccharomyces cerevisiae* on ruminal pH and microbial fermentation in dairy cows: Yeast supplementation on rumen fermentation. *Livesock. Science,* 124(1): 261–265.

Thumu, S.C.R. & Halami, P.M. 2012. Presence of erythromycin and tetracycline resistance genes in lactic acid bacteria from fermented foods of Indian origin. *Antonie Van Leeuwenhoek,* 102(4): 541–551.

Timbermont, L., Haesebrouck, F., Ducatelle, R. & Van Immerseel, F. 2011. Necrotic enteritis in broilers: an updated review on the pathogenesis. *Avian Pathology,* 40(4): 341–347.

Timmer, J. & Kromkamp, J. 1994. Efficiency of lactic acid production by *Lactobacillus helveticus* in a membrane cell recycle reactor. *FEMS Microbiology Reviews,* 14(1): 29–38.

Tuomola, E.M. & Salminen, S.J. 1998. Adhesion of some probiotic and dairy *Lactobacillus* strains to Caco-2 cell cultures. *International Journal of Food Microbiology,* 41(1): 45–51.

Turner, J.R. 2009. Intestinal mucosal barrier function in health and disease. *Nature Reviews in Immunology,* 9(11): 799–809.

Underdahl, N., Torres-Medina, A. & Dosten, A. 1982. Effect of Streptococcus faecium C-68 in control of Escherichia coli-induced diarrhea in gnotobiotic pigs. *American Journal of Veterinary Research,* 43(12): 2227–2232.

US-FDA [United States Food and Drug Administration]. 2013. Micro-organisms & Microbial-Derived Ingredients Used in Food. http://www.fda.gov/Food/IngredientsPackagingLabeling/GRAS/Micro-organismsMicrobialDerivedIngredients/default.htm Accessed 21 November 2014.

US-FDA. 2015. CPG Sec. 689.100 Direct-Fed Microbial Products. http://www.fda.gov/ICECI/ComplianceManuals/CompliancePolicyGuidanceManual/ucm074707.htm Accessed 27 March 2015.

Vahjen, W., Jadamus, A. & Simon, O. 2002. Influence of a probiotic *Enterococcus faecium* strain on selected bacterial groups in the small intestine of growing turkey poults. *Archives of Animal Nutrition,* 56(6): 419–429.

van den Bogaard, A.E. & Stobberingh, E.E. 2000. Epidemiology of resistance to antibiotics: links between animals and humans. *International Journal of Antimicrobial Agents,* 14(4): 327–335.

Van der Sluis, W. 2000. Clostridial enteritis is an often underestimated problem. *World Poultry,* 16(7): 42–43.

Van Heugten, E., Funderburke, D. & Dorton, K. 2003. Growth performance, nutrient digestibility, and fecal microflora in weanling pigs fed live yeast. *Journal of Animal Science,* 81(4): 1004–1012.

Van Hoek, A., Margolles, A., Domig, K., Korhonen, J., Zycka-Krzesinska, J., Bardowski, J., Danielsen, M., Huys, G., Morelli, L. & Aarts, H. 2008. Molecular assessment of erythromycin and tetracycline resistance genes in lactic acid bacteria and bifidobacteria and their relation to the phenotypic resistance. *International Journal of Probiotics and Prebiotics,* 3: 271–280.

van Reenen, C.A. & Dicks, L.M. 2011. Horizontal gene transfer amongst probiotic lactic acid bacteria and other intestinal microbiota: what are the possibilities? A review. *Archives of Microbiology,* 193(3): 157–168.

Veizaj-Delia, E., Piu, T., Lekaj, P. & Tafaj, M. 2010. Using combined probiotic to improve growth performance of weaned piglets on extensive farm conditions. *Livestock Science,* 134(1): 249–251.

Wang, A., Yu, H., Gao, X., Li, X. & Qiao, S. 2009. Influence of *Lactobacillus fermentum* I5007 on the intestinal and systemic immune responses of healthy and *E. coli* challenged piglets. *Antonie Van Leeuwenhoek,* 96(1): 89–98.

Waters, C. M. & Bassler, B. L. 2005. Quorum sensing: cell-to-cell communication in bacteria. *Annual Review of Cell and Developmental Biology,* 21: 319–346.

Watkins, B.A., Miller, B.F. & Neil, D.H. 1982. *In vivo* inhibitory effects of *Lactobacillus acidophilus* against pathogenic *Escherichia coli* in gnotobiotic chicks. *Poultry Science,* 61(7): 1298–1308.

Weese, J.S. 2002. Microbiologic evaluation of commercial probiotics. *Journal of the American Veterinary Medical Association,* 220(6): 794–797.

Weese, J.S. 2003. Evaluation of deficiencies in labeling of commercial probiotics. *Canadian Veterinary Journal,* 44(12): 982–983.

Weese, J.S. & Martin, H. 2011. Assessment of commercial probiotic bacterial contents and label accuracy. *Canadian Veterinary Journal,* 52(1): 43–46.

Weinberg, Z.G., Muck, R.E., Weimer, P.J., Chen, Y. & Gamburg, M. 2004. Lactic acid bacteria used in inoculants for silage as probiotics for ruminants. *Applied Biochemical Biotechnology,* 118(1-3): 1–9.

Weiss, W., Wyatt, D. & McKelvey, T. 2008. Effect of feeding propionibacteria on milk production by early lactation dairy cows. *Journal of Dairy Science,* 91(2): 646–652.

Wen, K., Li, G., Bui, T., Liu, F., Li, Y., Kocher, J., Lin, L., Yang, X. & Yuan, L. 2012. High dose and low dose *Lactobacillus acidophilus* exerted differential immune modulating effects on T cell immune responses induced by an oral human rotavirus vaccine in gnotobiotic pigs. *Vaccine*, 30(6): 1198–1207.

Wideman, R., Hamal, K., Stark, J., Blankenship, J., Lester, H., Mitchell, K., Lorenzoni, G. & Pevzner, I. 2012. A wire-flooring model for inducing lameness in broilers: Evaluation of probiotics as a prophylactic treatment. *Poultry Science,* 91(4): 870–883.

Wiedemann, I., Breukink, E., van Kraaij, C., Kuipers, O.P., Bierbaum, G., de Kruijff, B. & Sahl, H.-G. 2001. Specific binding of nisin to the peptidoglycan precursor lipid II combines pore formation and inhibition of cell wall biosynthesis for potent antibiotic activity. *Journal of Biological Chemistry,* 276(3): 1772–1779.

Williams, R. 1999. A compartmentalised model for the estimation of the cost of coccidiosis to the world's chicken production industry. *International Journal of Parasitology,* 29(8): 1209–1229.

Willis, W. & Reid, L. 2008. Investigating the effects of dietary probiotic feeding regimens on broiler chicken production and *Campylobacter jejuni* presence. *Poultry Science,* 87(4): 606–611.

Wisener, L., Sargeant, J., O'Connor, A., Faires, M. & Glass-Kaastra, S. 2014. The use of direct-fed microbials to reduce shedding of *Escherichia coli* O157 in beef cattle: a systematic review and meta-analysis. *Zoonoses and Public Health,* 62: 7589.

Wozniak, R.A. & Waldor, M.K. 2010. Integrative and conjugative elements: mosaic mobile genetic elements enabling dynamic lateral gene flow. *Nature Reviews in Microbiology,* 8(8): 552–563.

Xiaodong, W., Xuan, G. & Rakshit, S. 1997. Direct fermentative production of lactic acid on cassava and other starch substrates. *Biotechnology Letters,* 19(9): 841–843.

Xu, C.-L., Ji, C., Ma, Q., Hao, K., Jin, Z.-Y. & Li, K. 2006. Effects of a dried *Bacillus subtilis* culture on egg quality. *Poultry Science,* 85(2): 364–368.

Yang, C., Cao, G., Ferket, P., Liu, T., Zhou, L., Zhang, L., Xiao, Y. & Chen, A. 2012a. Effects of probiotic, *Clostridium butyricum*, on growth performance, immune function, and caecal microflora in broiler chickens. *Poultry Science,* 91(9): 2121–2129.

Yang, H., Liu, Y., Xu, S., Li, Y. & Xu, Y. 2012b. Influence of symbiotics on the bacterial community in the caecal contents of broilers analysed by PCR-DGGE. *Acta Agri. Zhejiang,* 24(1): 26–31.

Yeoman, C.J. & White, B.A. 2014. Gastro-intestinal tract microbiota and probiotics in production animals. *Annual Review of Animal Bioscience,* 2(1): 469–486.

Yeoman, C.J., Chia, N., Jeraldo, P., Sipos, M., Goldenfeld, N.D. & White, B.A. 2012. The microbiome of the chicken gastro-intestinal tract. *Animal Health Research Reviews,* 13(01): 89–99.

Yildirim, Z. & Johnson, M.G. 1998. Characterization and antimicrobial spectrum of bifidocin B, a bacteriocin produced by *Bifidobacterium bifidum* NCFB 1454. *Journal of Food Protection,* 61(1): 47–51.

Yörük, M., Gül, M., Hayirli, A. & Macit, M. 2004. The effects of supplementation of humate and probiotic on egg production and quality parameters during the late laying period in hens. *Poultry Science,* 83(1): 84–88.

Yousefi, M. & Karkoodi, K. 2007. Effect of probiotic Thepax® and *Saccharomyces cerevisiae* supplementation on performance and egg quality of laying hens. *International Journal of Poultry Science,* 6(1): 52–54.

Zeyner, A. & Boldt, E. 2006. Effects of a probiotic *Enterococcus faecium* strain supplemented from birth to weaning on diarrhoea patterns and performance of piglets. *Journal of Animal Physiology and Animal Nutrition,* 90(1-2): 25–31.

Zhang, Z. & Kim, I. 2014. Effects of multistrain probiotics on growth performance, apparent ileal nutrient digestibility, blood characteristics, cecal microbial shedding, and excreta odor contents in broilers. *Poultry Science,* 93(2): 364–370.

Zhang, A., Lee, B., Lee, S., Lee, K., An, G., Song, K. & Lee, C. 2005. Effects of yeast (Saccharomyces cerevisiae) cell components on growth performance, meat quality, and ileal mucosa development of broiler chicks. *Poultry Science,* 84(7): 1015–1021.

Zhang, B., Yang, X., Guo, Y. & Long, F. 2011. Effects of dietary lipids and Clostridium butyricum on the performance and the digestive tract of broiler chickens. *Archives of Animal Nutrition,* 65(4): 329–339.

Zhang, J., Xie, Q., Ji, J., Yang, W., Wu, Y., Li, C., Ma, J. & Bi, Y. 2012. Different combinations of probiotics improve the production performance, egg quality, and immune response of layer hens. *Poultry Science,* 91(11): 2755–2760.

Zhang, H.S., Wang, H.F., Shepherd, M., Wen, K., Li, G.H., Yang, X.D., Kocher, J., Giri-Rachman, E., Dickerman, A., Settlage, R. & Yuan, L.J. 2014a. Probiotics and virulent human rotavirus modulate the transplanted human gut microbiota in gnotobiotic pigs. *Gut Pathogens,* 6: Art. No. 39.

Zhang, J., Yang, C., Cao, G., Zeng, X. & Liu, J. 2014b. *Bacillus amyloliquefaciens* and its application as a probiotic. *Chinese Journal of Animal Nutrition,* 26(4): 863–867.

Zhao, X., Guo, Y., Guo, S. & Tan, J. 2013. Effects of *Clostridium butyricum* and *Enterococcus faecium* on growth performance, lipid metabolism, and cecal microbiota of broiler chickens. *Applied Microbiology and Biotechnology,* 97(14): 6477–6488.

Zhou, X., Wang, Y., Gu, Q. & Li, W. 2010. Effect of dietary probiotic, *Bacillus coagulans,* on growth performance, chemical composition, and meat quality of Guangxi Yellow chicken. *Poultry Science,* 89(3): 588–593.

FAO 技术资料：

FAO 动物生产与健康资料

1　Animal breeding: selected articles from the *World Animal Review*, 1977 (C E F S)
2　Eradication of hog cholera and African swine fever, 1976 (E F S)
3　Insecticides and application equipment for tsetse control, 1977 (E F)
4　New feed resources, 1977 (E/F/S)
5　Bibliography of the criollo cattle of the Americas, 1977 (E/S)
6　Mediterranean cattle and sheep in crossbreeding, 1977 (E F)
7　The environmental impact of tsetse control operations, 1977 (E F)
7 Rev.1　The environmental impact of tsetse control operations, 1980 (E F)
8　Declining breeds of Mediterranean sheep, 1978 (E F)
9　Slaughterhouse and slaughterslab design and construction, 1978 (E F S)
10　Treating straw for animal feeding, 1978 (C E F S)
11　Packaging, storage and distribution of processed milk, 1978 (E)
12　Ruminant nutrition: selected articles from the *World Animal Review*, 1978 (C E F S)
13　Buffalo reproduction and artificial insemination, 1979 (E*)
14　The African trypanosomiases, 1979 (E F)
15　Establishment of dairy training centres, 1979 (E)
16　Open yard housing for young cattle, 1981 (Ar E F S)
17　Prolific tropical sheep, 1980 (E F S)
18　Feed from animal wastes: state of knowledge, 1980 (C E)
19　East Coast fever and related tick-borne diseases, 1980 (E)
20/1　Trypanotolerant livestock in West and Central Africa – Vol. 1. General study, 1980 (E F)
20/2　Trypanotolerant livestock in West and Central Africa – Vol. 2. Country studies, 1980 (E F)
20/3　Le bétail trypanotolérant en Afrique occidentale et centrale – Vol. 3. Bilan d'une décennie, 1988 (F)
21　Guideline for dairy accounting, 1980 (E)
22　Recursos genéticos animales en América Latina, 1981 (S)
23　Disease control in semen and embryos, 1981 (C E F S)
24　Animal genetic resources – conservation and management, 1981 (C E)
25　Reproductive efficiency in cattle, 1982 (C E F S)
26　Camels and camel milk, 1982 (E)
27　Deer farming, 1982 (E)
28　Feed from animal wastes: feeding manual, 1982 (C E)
29　Echinococcosis/hydatidosis surveillance, prevention and control: FAO/UNEP/WHO guidelines, 1982 (E)
30　Sheep and goat breeds of India, 1982 (E)
31　Hormones in animal production, 1982 (E)
32　Crop residues and agro-industrial by-products in animal feeding, 1982 (E/F)
33　Haemorrhagic septicaemia, 1982 (E F)
34　Breeding plans for ruminant livestock in the tropics, 1982 (E F S)
35　Off-tastes in raw and reconstituted milk, 1983 (Ar E F S)
36　Ticks and tick-borne diseases: selected articles from the *World Animal Review*, 1983 (E F S)
37　African animal trypanosomiasis: selected articles from the *World Animal Review*, 1983 (E F)
38　Diagnosis and vaccination for the control of brucellosis in the Near East, 1982 (Ar E)
39　Solar energy in small-scale milk collection and processing, 1983 (E F)

40   Intensive sheep production in the Near East, 1983 (Ar E)
41   Integrating crops and livestock in West Africa, 1983 (E F)
42   Animal energy in agriculture in Africa and Asia, 1984 (E/F S)
43   Olive by-products for animal feed, 1985 (Ar E F S)
44/1 Animal genetic resources conservation by management, data banks and training,
     1984 (E)
44/2 Animal genetic resources: cryogenic storage of germplasm and molecular engineering,
     1984 (E)
45   Maintenance systems for the dairy plant, 1984 (E)
46   Livestock breeds of China, 1984 (E F S)
47   Réfrigération du lait à la ferme et organisation des transports, 1985 (F)
48   La fromagerie et les variétés de fromages du bassin méditerranéen, 1985 (F)
49   Manual for the slaughter of small ruminants in developing countries, 1985 (E)
50   Better utilization of crop residues and by-products in animal feeding:
     research guidelines – 1. State of knowledge, 1985 (E)
50/2 Better utilization of crop residues and by-products in animal feeding:
     research guidelines – 2. A practical manual for research workers, 1986 (E)
51   Dried salted meats: charque and carne-de-sol, 1985 (E)
52   Small-scale sausage production, 1985 (E)
53   Slaughterhouse cleaning and sanitation, 1985 (E)
54   Small ruminants in the Near East – Vol. I. Selected papers presented for the Expert
     Consultation on Small Ruminant Research and Development in the Near East
     (Tunis, 1985), 1987 (E)
55   Small ruminants in the Near East – Vol. II. Selected articles from *World Animal Review*
     1972-1986, 1987 (Ar E)
56   Sheep and goats in Pakistan, 1985 (E)
57   The Awassi sheep with special reference to the improved dairy type, 1985 (E)
58   Small ruminant production in the developing countries, 1986 (E)
59/1 Animal genetic resources data banks –
     1. Computer systems study for regional data banks, 1986 (E)
59/2 Animal genetic resources data banks –
     2. Descriptor lists for cattle, buffalo, pigs, sheep and goats, 1986 (E F S)
59/3 Animal genetic resources data banks –
     3. Descriptor lists for poultry, 1986 (E F S)
60   Sheep and goats in Turkey, 1986 (E)
61   The Przewalski horse and restoration to its natural habitat in Mongolia, 1986 (E)
62   Milk and dairy products: production and processing costs, 1988 (E F S)
63   Proceedings of the FAO expert consultation on the substitution of imported concentrate
     feeds in animal production systems in developing countries, 1987 (C E)
64   Poultry management and diseases in the Near East, 1987 (Ar)
65   Animal genetic resources of the USSR, 1989 (E)
66   Animal genetic resources – strategies for improved use and conservation, 1987 (E)
67/1 Trypanotolerant cattle and livestock development in West and Central Africa –
     Vol. I, 1987 (E)
67/2 Trypanotolerant cattle and livestock development in West and Central Africa –
     Vol. II, 1987 (E)
68   Crossbreeding *Bos indicus* and *Bos taurus* for milk production in the tropics, 1987 (E)
69   Village milk processing, 1988 (E F S)
70   Sheep and goat meat production in the humid tropics of West Africa, 1989 (E/F)
71   The development of village-based sheep production in West Africa, 1988 (Ar E F S)
     (Published as Training manual for extension workers, M/S5840E)
72   Sugarcane as feed, 1988 (E/S)
73   Standard design for small-scale modular slaughterhouses, 1988 (E)
74   Small ruminants in the Near East – Vol. III. North Africa, 1989 (E)

75   The eradication of ticks, 1989 (E/S)
76   Ex situ cryoconservation of genomes and genes of endangered cattle breeds by means of modern biotechnological methods, 1989 (E)
77   Training manual for embryo transfer in cattle, 1991 (E)
78   Milking, milk production hygiene and udder health, 1989 (E)
79   Manual of simple methods of meat preservation, 1990 (E)
80   Animal genetic resources – a global programme for sustainable development, 1990 (E)
81   Veterinary diagnostic bacteriology – a manual of laboratory procedures of selected diseases of livestock, 1990 (E F)
82   Reproduction in camels – a review, 1990 (E)
83   Training manual on artificial insemination in sheep and goats, 1991 (E F)
84   Training manual for embryo transfer in water buffaloes, 1991 (E)
85   The technology of traditional milk products in developing countries, 1990 (E)
86   Feeding dairy cows in the tropics, 1991 (E)
87   Manual for the production of anthrax and blackleg vaccines, 1991 (E F)
88   Small ruminant production and the small ruminant genetic resource in tropical Africa, 1991 (E)
89   Manual for the production of Marek's disease, Gumboro disease and inactivated Newcastle disease vaccines, 1991 (E F)
90   Application of biotechnology to nutrition of animals in developing countries, 1991 (E F)
91   Guidelines for slaughtering, meat cutting and further processing, 1991 (E F)
92   Manual on meat cold store operation and management, 1991 (E S)
93   Utilization of renewable energy sources and energy-saving technologies by small-scale milk plants and collection centres, 1992 (E)
94   Proceedings of the FAO expert consultation on the genetic aspects of trypanotolerance, 1992 (E)
95   Roots, tubers, plantains and bananas in animal feeding, 1992 (E)
96   Distribution and impact of helminth diseases of livestock in developing countries, 1992 (E)
97   Construction and operation of medium-sized abattoirs in developing countries, 1992 (E)
98   Small-scale poultry processing, 1992 (Ar E)
99   In situ conservation of livestock and poultry, 1992 (E)
100   Programme for the control of African animal trypanosomiasis and related development, 1992 (E)
101   Genetic improvement of hair sheep in the tropics, 1992 (E)
102   Legume trees and other fodder trees as protein sources for livestock, 1992 (E)
103   Improving sheep reproduction in the Near East, 1992 (Ar)
104   The management of global animal genetic resources, 1992 (E)
105   Sustainable livestock production in the mountain agro-ecosystem of Nepal, 1992 (E)
106   Sustainable animal production from small farm systems in South-East Asia, 1993 (E)
107   Strategies for sustainable animal agriculture in developing countries, 1993 (E F)
108   Evaluation of breeds and crosses of domestic animals, 1993 (E)
109   Bovine spongiform encephalopathy, 1993 (Ar E)
110   L'amélioration génétique des bovins en Afrique de l'Ouest, 1993 (F)
111   L'utilización sostenible de hembras F1 en la producción del ganado lechero tropical, 1993 (S)
112   Physiologie de la reproduction des bovins trypanotolérants, 1993 (F)
113   The technology of making cheese from camel milk (*Camelus dromedarius*), 2001 (E F)
114   Food losses due to non-infectious and production diseases in developing countries, 1993 (E)
115   Manuel de formation pratique pour la transplantation embryonnaire chez la brebis et la chèvre, 1993 (F S)

116   Quality control of veterinary vaccines in developing countries, 1993 (E)

117   L'hygiène dans l'industrie alimentaire, 1993 – Les produits et l'aplication de l'hygiène, 1993 (F)

118   Quality control testing of rinderpest cell culture vaccine, 1994 (E)

119   Manual on meat inspection for developing countries, 1994 (E)

120   Manual para la instalación del pequeño matadero modular de la FAO, 1994 (S)

121   A systematic approach to tsetse and trypanosomiasis control, 1994 (E/F)

122   El capibara (*Hydrochoerus hydrochaeris*) – Estado actual de su producción, 1994 (S)

123   Edible by-products of slaughter animals, 1995 (E S)

124   L'approvisionnement des villes africaines en lait et produits laitiers, 1995 (F)

125   Veterinary education, 1995 (E)

126   Tropical animal feeding – A manual for research workers, 1995 (E)

127   World livestock production systems – Current status, issues and trends, 1996 (E)

128   Quality control testing of contagious bovine pleuropneumonia live attenuated vaccine – Standard operating procedures, 1996 (E F)

129   The world without rinderpest, 1996 (E)

130   Manual de prácticas de manejo de alpacas y llamas, 1996 (S)

131   Les perspectives de développement de la filière lait de chèvre dans le bassin méditerranéen, 1996 (F)

132   Feeding pigs in the tropics, 1997 (E)

133   Prevention and control of transboundary animal diseases, 1997 (E)

134   Tratamiento y utilización de residuos de origen animal, pesquero y alimenticio en la alimentación animal, 1997 (S)

135   Roughage utilization in warm climates, 1997 (E F)

136   Proceedings of the first Internet Conference on Salivarian Trypanosomes, 1997 (E)

137   Developing national emergency prevention systems for transboundary animal diseases, 1997 (E)

138   Producción de cuyes (*Cavia porcellus*), 1997 (S)

139   Tree foliage in ruminant nutrition, 1997 (E)

140/1   Analisis de sistemas de producción animal – Tomo 1: Las bases conceptuales, 1997 (S)

140/2   Analisis de sistemas de producción animal – Tomo 2: Las herramientas basicas, 1997 (S)

141   Biological control of gastro-intestinal nematodes of ruminants using predacious fungi, 1998 (E)

142   Village chicken production systems in rural Africa – Household food security and gender issues, 1998 (E)

143   Agroforestería para la producción animal en América Latina, 1999 (S)

144   Ostrich production systems, 1999 (E)

145   New technologies in the fight against transboundary animal diseases, 1999 (E)

146   El burro como animal de trabajo – Manual de capacitación, 2000 (S)

147   Mulberry for animal production, 2001 (E)

148   Los cerdos locales en los sistemas tradicionales de producción, 2001 (S)

149   Animal production based on crop residues – Chinese experiences, 2001 (C E)

150   Pastoralism in the new millennium, 2001 (E)

151   Livestock keeping in urban areas – A review of traditional technologies based on literature and field experiences, 2001 (E)

152   Mixed crop-livestock farming – A review of traditional technologies based on literature and field experiences, 2001 (E)

153   Improved animal health for poverty reduction and sustainable livelihoods, 2002 (E)

154   Goose production, 2002 (E F)

155 Agroforestería para la producción animal en América Latina – II, 2003 (S)
156 Guidelines for coordinated human and animal brucellosis surveillance, 2003 (E)
157 Resistencia a los antiparasitarios – Estado actual con énfasis en América Latina, 2003 (S)
158 Employment generation through small-scale dairy marketing and processing, 2003 (E)
159 Good practices in planning and management of integrated commercial poultry production in South Asia, 2003 (E)
160 Assessing quality and safety of animal feeds, 2004 (E, C)
161 FAO technology review: Newcastle disease, 2004 (E)
162 Uso de antimicrobianos en animales de consumo – Incidencia del desarrollo de resistencias en la salud pública, 2004 (S)
163 HIV infections and zoonoses, 2004 (E F S)
164 Feed supplementation blocks – Urea-molasses multinutrient blocks: simple and effective feed supplement technology for ruminant agriculture, 2007 (E)
165 Biosecurity for Highly Pathogenic Avian Influenza – Issues and options, 2008 (E F Ar V)
166 International trade in wild birds, and related bird movements, in Latin America and the Caribbean, 2009 (S^e E^e)
167 Livestock keepers – guardians of biodiversity, 2009 (E)
168 Adding value to livestock diversity – Marketing to promote local breeds and improve livelihoods, 2010 (E, F, S)
169 Good practices for biosecurity in the pig sector – Issues and options in developing and transition countries, 2010 (E, F, C, R** S**)
170 La salud pública veterinaria en situaciones de desastres naturales y provocados, 2010 (S)
171 Approaches to controlling, preventing and eliminating H5N1 HPAI in endemic countries, 2011 (E, Ar)
172 Crop residue based densified total mixed ration – A user-friendly approach to utilise food crop by-products for ruminant production, 2012 (E)
173 Balanced feeding for improving livestock productivity – Increase in milk production and nutrient use efficiency and decrease in methane emission, 2012 (E)
174 Invisible Guardians - Women manage livestock diversity, 2012 (E)
175 Enhancing animal welfare and farmer income through strategic animal feeding – Some case studies, 2013 (E)
176 Lessons from HPAI – A technical stocktaking of coutputs, outcomes, best practices and lessons learned from the fight against highly pathogenic avian influenza in Asia 2005–2011, 2013 (E)
177 Mitigation of greenhouse gas emissions in livestock production – A review of technical options for non-CO$_2$ emissions, 2013 (E, S^e)
178 Африканская Чума Свиней в Российской Федерации (2007-2012), 2014 (R)

Availability: July 2016

Ar – Arabic
C – Chinese
E – English
F – French
P – Portuguese
S – Spanish
R – Russian
V – Vietnamese

Multil – Multilingual
*   Out of print
**   In preparation
^{e} E-publication

The *FAO Technical Papers* are available through the authorized FAO Sales Agents or directly from Sales and Marketing Group, FAO, Viale delle Terme di Caracalla, 00153 Rome, Italy.

附录1 我国农业农村部动物饲料益生菌清单

乳酸杆菌属	布氏乳酸杆菌 (*Lactobacillus buchneri*)
	德氏乳酸杆菌保加利亚亚种 (*Lactobacillus delbrucckii* subsp.*bulguricus*)
	德氏乳酸杆菌乳酸亚种 (*Lactobacillus delbrucckii* subsp. *lactis*)
	发酵乳酸杆菌 (*Lactobacillus fermentum*)
	副干酪乳酸杆菌 (*Lactobacillus paracasei*)
	干酪乳酸杆菌 (*Lactobacillus casei*)
	罗伊氏乳酸杆菌 (*Lactobacillus reuteri*)
	嗜酸乳酸杆菌 (*Lactobacillus acidophilus*)
	纤维二糖乳酸杆菌 (*Lactobacillus cellobiosas*)
	植物乳酸杆菌 (*Lactobacillus plantarum*)
双歧杆菌属	长双歧杆菌 (*Bifidobacterium longum*)
	短双歧杆菌 (*Bifidobacterium breve*)
	动物双歧杆菌 (*Bifidobacterium animals*)
	两歧双歧杆菌 (*Bifidobacterium bifidum*)
	青春双歧杆菌 (*Bifidobacterium adolescentis*)
	婴儿双歧杆菌 (*Bifidobacterium infantis*)
酵母	产朊假丝酵母 (*Candida utilis*)
	酿酒酵母 (*Sacchromyces cerevisiae*)
芽孢杆菌属	迟缓芽孢杆菌 (*Bacillus lentus*)
	地衣芽孢杆菌 (*Bacillus licheniformis*)
	短小芽孢杆菌 (*Bacillus pumilus*)
	枯草芽孢杆菌 (*Bacillus subtilis*)
	凝结芽孢杆菌 (*Bacillus coagulans*)
短芽孢杆菌属	侧孢短芽孢杆菌 (*Brevibacillus laterosporus*)
梭菌属	丁酸梭菌 (*Clostridium butyricum*)
肠球菌属	粪肠球菌 (*Enterococcus faecalis*)
	乳酸肠球菌 (*Enterococcus lactate*)
	屎肠球菌 (*Enterococcus faecium*)
片球菌属	乳酸片球菌 (*Pediococcus acidilactici*)
	戊糖片球菌 (*Pediococcus pentosaceus*)
曲霉属	黑曲霉 (*Aspergillus niger*)
	米曲霉 (*Aspergillus oryzae*)
丙酸杆菌属	产丙酸丙酸杆菌 (*Propionibacterium acidipropionici*)
链球菌属	嗜热链球菌 (*Streptococcus hermophilus*)
红假单胞菌属	沼泽红假单胞菌 (*Rhodopseudomonas palustris*)

注: 根据中华人民共和国农业部公告第 1231 号和第 2045 号文件整理。

附录2 本书微生物中文拉丁文名称

Aspergillus niger	黑曲霉
Aspergillus oryzae	米曲霉
Bacillus amyloliquefaciens	解淀粉芽孢杆菌
Bacillus coagulans	凝结芽孢杆菌
Bacillus cereus	蜡样芽孢杆菌
Bacillus lentus	迟缓芽孢杆菌
Bacillus licheniformis	地衣芽孢杆菌
Bacillus megaterium	巨大芽孢杆菌
Bacillus mesentricus	马铃薯芽孢杆菌
Bacillus polymyxa	多粘芽孢杆菌
Bacillus pumilus	短小芽孢杆菌
Bacillus subtilis	枯草芽孢杆菌
Bacillus toyonensis	东洋芽孢杆菌
Bacteroides ruminocola	栖瘤胃拟杆菌
Bacteroides suis	猪拟杆菌
Bifidobacterium adolescentis	青春双歧杆菌
Bifidobacterium animals	动物双歧杆菌
Bifidobacterium bifidum	两歧双歧杆菌
Bifidobacterium breve	短双歧杆菌
Bifidobacterium infantis	婴儿双歧杆菌
Bifidobacterium lactis	乳酸双歧杆菌
Bifidobacterium longum	长双歧杆菌
Bifidobacterium pseudolongum	假长双歧杆菌
Bifidobacterium thermophilus	嗜热双歧杆菌
Brevibacillus laterosporus	侧孢短芽孢杆菌
Campylobacter coli	结肠弯曲杆菌
Campylobacter jejuni	空肠弯曲杆菌
Clostridium butyricum	丁酸梭菌

Clostridium difficile	艰难梭菌
Clostridium perfringen	产气荚膜梭菌
Enterococcus cremoris	克氏肠球菌
Enterococcus diacetylactis	双醋酸肠球菌
Enterococcus faecalis	粪肠球菌
Enterococcus faecium	屎肠球菌
Enterococcus intermedius	中链肠球菌
Enterococcus lactate	乳酸肠球菌
Escherichia coli	大肠杆菌
Lactobacillus acidophilus	嗜酸乳酸杆菌
Lactobacillus alimentarius	消化乳酸杆菌
Lactobacillus brevis	短乳酸杆菌
Lactobacillus bulgaricus	保加利亚乳酸杆菌
Lactobacillus casei	干酪乳酸杆菌
Lactobacillus cellobiosas	纤维二糖乳酸杆菌
Lactobacillus curvatus	弯曲乳酸杆菌
Lactobacillus delbrucckii	德氏乳酸杆菌
Lactobacillus delbrucckii subsp. *bulguricus*	德氏乳酸杆菌保加利亚亚种
Lactobacillus delbrucckii subsp. *lactis*	德氏乳酸杆菌乳酸亚种
Lactobacillus farciminis	香肠乳酸杆菌
Lactobacillus fermentum	发酵乳酸杆菌
Lactobacillus gallinarum	鸡乳酸杆菌
Lactobacillus gasseri	格氏乳酸杆菌
Lactobacillus jensenii	詹氏乳酸杆菌
Lactobacillus paracasei	副干酪乳酸杆菌
Lactobacillus plantarum	植物乳酸杆菌
Lactobacillus reuteri	罗伊氏乳酸杆菌
Lactobacillus rhamnosus	鼠李糖乳酸杆菌
Lactobacillus salivarius	唾液乳酸杆菌
Lactobacillus sobrius	猪肠道乳酸杆菌

续表

Lactobacillus sporogenes	芽孢乳酸杆菌
Lactococcus lactis	乳酸乳球菌
Leuconostoc mesenteroides	肠膜明串珠菌
Listeria monocytogenes	单增李斯特菌
Megasphaera elsdenii	埃氏巨型球菌
Pediococcus acidilactici	乳酸片球菌
Pediococcus parvulus	婴儿片球菌
Pediococcus pentosaceus	戊糖片球菌
Propionibacterium acidipropionici	产丙酸丙酸杆菌
Propionibacterium freudenreichii	费氏丙酸杆菌
Propionibacterium jensenii	詹氏丙酸杆菌
Propionibacterium shermanii	谢氏丙酸杆菌
Ruminococcus bromii	溴化瘤胃球菌
Ruminococcus flavefaciens	黄色瘤胃球菌
Saccharomyces boulardii	布拉酵母菌
Saccharomyces cerevisiae	酿酒酵母
Salmonella typhi	伤寒沙门氏菌
Selenomonas ruminantium	栖瘤胃月形单胞菌
Sporolactobacillus inulinus	菊糖芽孢乳酸杆菌
Sporolactobacillus laevus	嗜酸芽孢乳酸杆菌
Streptococcus bovis	牛链球菌
Streptococcus faecalis	粪链球菌
Streptococcus faecium	屎链球菌
Streptococcus gallolyticus	解没食子酸链球菌
Streptococcus hermophilus	嗜热链球菌
Streptococcus pneumoniae	肺炎链球菌